中国人民警察大学学术著作专项经费资助

Gaoxingneng Jisuan xia de
Renwu Jianmo yu Diaodu Youhua

高性能计算下的
任务建模与调度优化

曹志波　著

中山大学出版社
SUN YAT-SEN UNIVERSITY PRESS
·广州·

版权所有　翻印必究

图书在版编目（CIP）数据

高性能计算下的任务建模与调度优化/曹志波著．—广州：中山大学
出版社，2023.8
　ISBN 978 - 7 - 306 - 07833 - 9

　Ⅰ．①高…　Ⅱ．①曹…　Ⅲ．①高性能计算机—研究　Ⅳ．①TP38

中国国家版本馆 CIP 数据核字（2023）第 115942 号

出　版　人：王天琪
策划编辑：吕肖剑
责任编辑：周明恩
封面设计：林绵华
责任校对：高　莹
责任技编：靳晓虹
出版发行：中山大学出版社
电　　话：编辑部 020 - 84110283，84113349，84111997，84110779，84110776
　　　　　发行部 020 - 84111998，84111981，84111160
地　　址：广州市新港西路 135 号
邮　　编：510275　　　　传　真：020 - 84036565
网　　址：http://www.zsup.com.cn　　E-mail：zdcbs@mail.sysu.edu.cn
印　刷　者：广东虎彩云印刷有限公司
规　　格：787mm×1092mm　　1/16　　10.5 印张　　185 千字
版次印次：2023 年 8 月第 1 版　　2023 年 8 月第 1 次印刷
定　　价：38.00 元

如发现本书因印装质量影响阅读，请与出版社发行部联系调换

前　言

高性能计算（high performance computing，HPC）主要是利用大量计算或图形处理单元解决复杂的科学问题。这也使得高性能计算成为继理论科学和实验科学之后，人类通过科学研究探索世界的第三种范式。作为当前科技创新的重要手段，高性能计算被广泛应用于高能物理研究、武器设计、航天航空飞行器设计、国民经济的预测和决策、能源勘探、中长期天气预报、卫星图像处理、情报分析、互联网服务、工业仿真等领域。

高性能计算作为计算机科学的一个重要分支，主要目标在于研究如何高效构造高性能计算机和开发运行于高性能计算机之上的应用软件。高性能计算机作为一种远超单台计算机计算能力的计算工具，与当前科学研究的不断发展密不可分。科学研究需要进行大量的数值运算，而大量的数值运算就需要高性能计算作为支撑。因此，科学研究对计算能力永无止境的需求是高性能计算发展的最原始动力，而高性能计算的每一次巨大进步都为科学研究的创新提供了新的技术手段。

20 世纪 60 年代，为了提高炮弹的命中率，需要根据炮弹的初始速度、角度以及风速等因素来计算炮弹轨道。为了更加精确地计算出炮弹的轨道，就需要进行大量的计算，通过人力进行计算存在很多问题，最主要的问题是人会疲劳，长时间的计算会导致计算错误。为了使计算结果具有更高的准确性和可重复性，人们便发明了第一台计算机 ENIAC。从第一台计算机问世以来，人们便一直致力于提高单台计算机的计算能力，从而也促进了计算机内最核心计算部件由电子管到晶体管，最后到集成电路的发展。受量子隧穿效应的影响，集成电路内电路之间的最小理论间距为 1 纳米左右，目前最先进集成电路制成工艺最小达到 2 纳米。因此，单台计算机的计算能力提升变得非常有限，如果仍想大规模地提升计算能力，就需要借助海量的计算机进行高性能计算来完成。

　　高性能计算的发展使很多需要借助海量计算才能完成的科学研究受益，例如核武器的小型化设计、天气的预测，尤其是目前大火的人工智能，也受益于高性能计算技术的发展。人工智能的核心能力在于它的预测能力，而这种预测能力又取决于它的分类能力。早期受计算能力的限制，人工智能主要采用二分类的方法进行预测，例如支持向量机（support vector machines，SVM），而用于多分类的卷积神经网络需要大量的计算资源进行支撑，所以卷积神经网络早期并没有获得快速的发展。而随着高性能计算机的发展，需要大量计算资源的卷积神经网络受益其中，人工智能也获得了更快的发展。

　　针对高性能计算的任务建模和调度优化主要在于探索如何在有限的计算资源下，提高高性能计算的计算效率和对计算资源的利用率，同时降低高性能计算对能源的消耗，进而使得高性能计算能够更好地应用于各个领域。

曹志波

2022 年 12 月

目　录

1. 绪　论

1.1　研究背景

戈登·摩尔在 1965 年提出摩尔定律，指出集成电路芯片上所集成的晶体管数目，每 18 个月就会翻一翻，处理器的计算性能也会相应提升一倍。但是随着晶体管数的增加，处理器的散热问题就成为处理器计算性能提升的瓶颈。因此，单个处理器的计算性能须在晶体管数目和能耗方面做出权衡，这也就很大程度上制约了单个处理器的计算性能。同时，在面对一些可以并行化的大规模科学问题时，诸如科学工作流，单一的计算节点会使得计算时间远远超出人们的期望值，因此需要大量计算节点联合起来组成超级计算机进行集群计算，来解决大规模的科学问题。尽管这些超级计算机可以解决大部分日常生活和生产中的问题，但是这些超级计算机由于所在地的供电功率限制，无法进行大规模的部署，因此在面对诸如欧洲粒子对撞机产生的计算数据、人类基因图谱绘制等更大规模的科学问题时，仍然无法满足这些科学问题的计算需求，于是就出现了网格计算和云计算。而网格计算和云计算的出现则开启了高性能计算的序幕。

1.1.1　集群计算

集群由大量独立的计算节点和一个互联网络构成。这些计算节点拥有独立处理器、内存和存储，以及指令集。而处理器可能是单核或者多核（symmetric multiprocessor，SMP）组成。互联网络多采用局域网（local area network，LAN）或者系统区域网（systems area network，SAN）。集群互联网络的目的是将集群中的计算节点进行互联，同时与外部网络进行隔离。商业成品的集群可用于多种计算环境下：能满足单一问题的高容量和持续性能要求的计算环境、能满足任务负载的高容量和高通量要求的计算环境、通过节点冗余来达到高可用性的计算环境、通过多个磁盘和多 I/O 接口实现高带宽的计算环境等。

相比于大规模并行处理（massively parallel processing，MPP），集群可以进行灵活的节点和网络配置。MPP 需要高速、高带宽和低延迟的互联网络，集群可以选用任何互联网络。集群的计算节点可以采用不同处理器数目、内存容量和网络互联架构。集群的管理者可按照需要在任何时间对集群的规模进行扩展或者缩小，这种特性可以更好地满足用户和管理者的需求。管理者由于可以对集群进行灵活的配置，因此可以根据当前的计算请求的峰值来调整其规模，进而降低集群的使用成本。而由于集群计算成本的降低，用户就可以用同样的金钱购买更多的计算服务。随着新设备的不断推出，集群计算可以进行灵活的更新，例如高性能的处理器、高容量的内存和存储，以及高速的网络的更新换代，集群只需对其中的计算节点、工作站或 SMP 服务器进行更新即可获得整体性能的提升。

1.1.2　网格计算和云计算

不论是网格计算还是云计算，其最终目的都是将计算资源变成像水、电一样，以一种现付现用的方式来使用。而构建网格计算和云计算主要是为了满足目前存在的广泛需求。

1. 需求分析

（1）计算科学家和工程师的需求。对于许多计算类的应用程序，计算科学家和工程师需要实时地监视应用程序的运行状况。大多数计算科学家始终采用磁带传输的方式来提交复杂的仿真应用到集群，因此从仿真应用开始执行到发生错误往往需要数天的时间，这是不可接受的。因此他们需要大量的计算节点来完成仿真应用，并能迅速地找到和解决应用中的错误。

（2）实验型科学家的需求。对于每个理论型的科学家，都有平均十几个实验型科学家与之对应。因此如果想要影响科学理论，首先得从实验开始。实验型科学家需要能够控制远程的超级计算机、高级的可视化设备和高级的用户接口。例如现实中在芝加哥的科学家有可能需要通过实时的三维图像来控制在洛杉矶的超级计算系统。因此，他们需要比集群更大规模的计算系统。

（3）企业的需求。目前的大型企业多为跨国集团。企业的业务遍布多个国家和多个地区，企业需要快速的 IT 设施来适应新的业务类型，要求对计算能力、内存、I/O、存储、信息和应用的请求是可控的和快速响应的。另外企业需要创造更高的效益，而使用集群计算的企业需要在 IT 设施以及维护上付出高昂的成本，因此，企业需要更大规模的计算系统。

（4）自然环境的需求。尽管人类社会已经逐渐意识到全球变暖、水污染和大气污染等问题的严重性，但是研究者仍没有更好的方法来解决这些问题。鉴于环境问题的严重性和复杂性，有必要将各个自然环境领域的专家集中起来解决这些问题。因此自然环境问题的解决需要更大规模的计算系统。

（5）其他需求。其他需求包括远程教学的需求、国家政府机关的需求，以及整个世界的需求等。

2. 网格计算和云计算的对比

相比于网格计算，云计算的出现要晚十几年。云计算同网格计算有什么区别，云计算是否是网格计算的另一个代名词[132]？如果从两种计算实现的最终目的来看，答案是肯定的。两种计算都是要降低计算的成本，增加计算的可靠性，通过将用户维护的计算设施转移到由第三方维护来增加灵活性。但是两者之间存在差异，相比于以前，现在分析的数据规模更大，因此需要更大的计算资源。以前的成品集群需要很昂贵的设施和维护成本，而现在拥有更为廉价的虚拟化技术。现在有像 Amazon、Google 和微软[1]等大企业花费上百亿构建的大规模的数据中心[2]。现在用户只需一张身份识别卡片即可接入拥有数十万甚至更多的分布在世界各地的计算节点。相比于网格计算，云计算需要处理的数据规模更大。但不管怎么说，两者要处理的问题基本是相同的：同样需要管理和维护大规模的 IT 设施；同样需要对用户发现、请求和使用资源的方式进行规范；同样需要将高度平行的计算应用分配到合适的资源。因此，两者在细节上不同，但是要处理和解决的问题是相同的。

1.1.3　高性能计算的对象——任务

由集群计算到网格计算，再到云计算的过程，也可看作任务规模不断增大的过程。圣地亚哥超级计算中心[9]在 1995 年到 1996 年两年间的运行任务总数目为 115591，而在 2001 年到 2003 年两年多的时间里任务数目到达 250440。在阿姆斯特丹大学部署的分布式 ASCI 超级计算机 2（DAS-2）[9]，代号为 fs0 的服务器在 2004 年一年的时间里提交的任务数量就达到 225711。而随着网格计算的出现，运行的任务数量也呈指数增长[17]，加拿大多伦多大学的 SHARNET 超级计算中心[9]在 2006 一年的时间里面提交的任务则到达 1195242。而本书任务建模中使用的生物基因测序日志在 2011 年 12 月份到 2012 年 7 月份的日志规模就高达 5497035。

在集群计算下，随着任务规模的不断增大，集群的规模也需要不断的扩展。尽管理论上集群规模可以无限扩展，但是受限于区域的供电能力，实际环境下单一的集群规模并不能无限扩展。无法继续扩展的集群必然会增大任务的等待时间和响应时间，使用户获得较差的使用体验。任务的多样性需求也使得性能单一的集群无法提供必要的资源，例如高可靠性的任务、高通量的任务、高带宽的任务等。因此为了应付大规模和多样性的任务，就需要将分散在世界各地的集群联合起来，组成更大规模的网格计算和云计算。但是不管哪一种高性能计算，都需要处理好计算资源同任务的关系。构建什么样的高性能计算系统，首先需要考虑的应该是计算系统针对的是哪一种任务，是计算密集型的还是数据密集型的等；然后依据任务的内在联系性，考虑采用什么样的任务调度，例如依赖性的任务采用动态调度[127]或静态调度[126]，而非依赖性的采用先来先服务（first come first service，FCFS）和回填调度[35]等。因此对高性能计算系统中任务日志进行分析和调度就显得尤为重要。基于此，本书研究了高性能计算下基于日志的任务建模及调度优化。

1.2 研究现状

从任务内部子任务的内在联系性来分,任务可分为依赖性的和非依赖性的任务[126],依赖性的任务多采用动态调度和静态调度。而由实际环境下获取的任务日志,一般没有任务内在依赖性的信息,因此本书研究的是非依赖性的任务。调度策略的性能高度依赖于其上运行的任务负载,目前没有一种调度策略是可以用于任何任务负载的调度的。基于此,在设计调度策略时,针对不同任务负载的调度策略性能评估就显得非常重要。因此,目前有大量研究人员通过分析任务负载特性进行任务建模和任务调度的研究。下面是关于任务的建模和调度的现状。

1.2.1 任务建模

任务日志是资源使用者(resource user,HRU)在集群、网格或云计算环境下留下的使用痕迹。任务日志描述的是 HRU 由开始运行到结束运行期间对硬件资源提供者(hardware provider,HRP)的使用情况。而基于日志的任务建模主要是指通过分析日志的各项任务特性,对相应特性进行拟合的过程。从历史的角度来看,基于日志的任务建模首先是集群和网格计算方面的任务建模,然后是云计算方面的任务建模。

在集群和网格环境下,任务建模集中在任务提交时间、任务运行时间、任务的并行尺寸、任务的内存引用量、用户行为、提交失败的任务、用户事务等任务属性上。其中对任务提交时间的研究最为集中,主要是因为任务提交时间的快慢程度反映当前计算系统的负载状况,而负载的状况直接影响调度器的调度决策。任务提交时间规律性的研究重点则集中在工作日周期上,很少考虑任务提交时间的节假日特性。除了任务提交时间外,任务运行时间和任务的并行尺寸也是决定计算系统负载的重要因素,目前对这两个任务属性的研究思路主要是先分析并行尺寸的分布特性,然后寻找不同并行尺寸下任务运行时间的分布情况。由于实际环境下任务日志中串行任务(任务并行尺寸为 1)占有较大比重,相关的研究往往单独分析串行任务下任务运行时间的分布情况。针对用户行为进行研究主要是因为一般情况下不同用户的习惯不同,利用用户行为对任务日志进行分类会大大降低任务建模的难度,相关研究主要集中在利用用户行为对任务日志进行分类然后再进行任务建模上。尽管提交失败的任务不会占用 HRP,但是会增加调度器的调度负担,进而延缓队列中其他任务的运行。因此,目前研究主要对提交失败的任务进行单独分析和建模。用户事务属于用户行为,是当前研究中发现的一种重要的关于用户的任务属性。在云计算方面,关于任务日志的任务建模相对较少,因此在对相关调度策略进行性能评估时,大多采用集群环境下的任务日志或者任务模型。

1.2.2 任务调度

调度解决的是任务到资源之间映射的问题。在集群和网格计算环境下,由于任务的迁移和融合会导致很多问题,因此大多使用批调度(batch scheduling)对任务进行资源分配。在云计算环境下,由于虚拟化技术可以很好地隔离硬件和软件资源,从而使得任务同任务之间不会相互干扰,因此可以通过迁移和融合的调度方式来提高资源的占有率。

1. 集群和网格计算下的任务调度

在集群下,调度器多采用批调度的方式。批调度的方式主要有 FCFS、回填调度和 Gang 调度。FCFS 是一种先进先出的调度方式,提交到计算系统的任务以一种 FIFO 的方式进行排队,调度系统按顺序运行队列中等待的任务。FCFS 会造成资源的浪费,如果等待队列中的第一个任务无法执行,那么即便排在后面的任务可以执行也仍要等待。

回填调度是对 FCFS 方式的优化,回填是指:由于当前资源无法满足第一个等待任务的资源请求,于是选择等待队列中资源请求更少的任务进行回填。潜在的问题是回填的任务可能会导致第一个任务永远无法执行,解决的方法就是在回填时对第一个任务进行资源预留,这种策略就称为回填调度。第一个使用上述方法的回填调度策略是 EASY[35]。针对回填存在很多优化策略,例如增加资源预留的任务个数的回填调度[43]、使用多个等待队列的回填调度[45][46]。但是大多数调度器(例如 Maui[50] 和 SGE[5])仍采用经典的 EASY 进行调度。这主要是因为相比于采用简单方式的 EASY,采用复杂方式的其他回填调度在性能上的提升并不明显。

Gang 调度的思想更像是线程调度中的轮询调度（round-robin scheduling）。在集群下，单位时间被分为若干个时间片，单个时间片内可以有多个任务同时运行，但是单个任务只能运行在一个时间片上。Gang 调度使小任务不用等待太长的时间即可开始运行，保证了大任务和小任务之间的公平性。但是 Gang 调度也会造成资源的碎片化，例如，如果单个时间片内运行的均为计算型的任务，那么 I/O 就会空闲，反之处理器就会空闲。因此，基于 Gang 优化的任务调度策略多专注于提高资源的占有率。

网格是由不同的集群联合构建而成的。不同的集群采用的任务调度策略并不相同，而网格调度的目的就是管理和协商不同集群的调度器。相对于集群对资源的中心化管理特征，网格计算是去中心化的。集群之间很可能是异构的，例如有的集群是计算型的，有的是数据密集型的等，另外有些集群可能出现不可用的情况。因此网格调度器需要一个网格信息服务器（grid information service，GIS），GIS 保存所有集群资源信息并实时更新。通过 GIS，网格调度器可以快速掌握可用的资源，然后根据任务资源请求的不同，将其调度到合适的集群，然后由该集群完成对任务的最终调度和分配。目前常用的网格调度器有 Condor。

2. 云计算下的任务调度

同网格一样，云计算的调度也是去中心化的且需要一个云信息服务器（Cloud Information Service，CIS）来管理和协商所有集群的调度器。但不同的是云计算内的集群多通过虚拟化[95]技术对硬件和软件资源进行虚拟化，形成一个个逻辑上独立的虚拟机。因此，目前在云计算下的任务调度多是通过对虚拟机进行迁移和融合来提高资源的占有率，且主要研究热点在于如何降低能耗。

云计算的高扩展性使得其需要构建数量巨大的数据中心，而相应数据中心的规模可达到成千上万台计算节点，因此云计算需要消耗大量的电能。云计算的高能耗不仅因为计算资源的大规模性和低的电能利用效率（能效）[2]，也因为计算资源的利用率低。而解决云计算中低能效的一个重要的方法就是利用虚拟化技术将虚拟机融合到尽可能少的计算节点上来，即降低能耗。由于当前大多数应用任务在运行过程中对资源请求的剧烈变化特性[91]，过度的虚拟机融合可能导致任务的动态资源请求得不到满足。任务的资源得不到满足必然会导致较长的等待时间和完成时间，进而影响云提供商对用户的服务质量（量化指标为服务等级协定 SLA）。

SLA 对云提供商来说是重要的也是必要的，因为 SLA 是对用户服务性能的保证。因此云提供商需要平衡能耗同性能之间的关系（能效比）并作出取舍，即在获得最小能耗的同时，保证与用户之间的 SLA 不冲突。因此针对能耗的虚拟机迁移的任务调度是目前云计算环境下的研究热点。

1.3　本书的关键问题

在集群、网格和云计算系统中，任务负载是整个计算系统服务的对象。通过对任务负载的特性分析，提出针对任务负载特性的调度策略，可以提高计算系统的资源利用率，进而减少不必要的开支。因此如何针对实际环境下的任务日志进行分析，然后构建基于日志的任务模型就成为一个重要研究点。另外，调度策略的性能高度依赖于其上运行的任务负载，目前没有一种调度策略可以用于任何任务负载，因此对针对任务负载特性的调度进行优化就显得尤为重要。基于此，本书的关键问题主要包括日志的任务建模和任务调度的优化。

1.3.1　日志的任务建模

网格和云计算系统的性能不仅取决于硬件资源，同时也取决于其上运行的任务负载，而任务负载中任务的各项特性更是影响集群系统性能的重要因素。任务负载的各项特性主要包括任务提交时间、任务并行尺寸、任务运行时间、任务的 CPU 使用率、任务所在的队列（多队列集群系统）等。通过分析任务负载的各项特性以及它们之间的关系并利用合适的分布函数进行模拟，进而生成具有相同分布的任务负载，这样的任务模型不但具有原始任务负载中任务各项特性的分布特性，同时也具有很强的伸缩性。例如构建一个从 100 个计算节点集群采集的任务日志模型，利用该模型不但可以生成同等规模集群的任务日志，同时也可以生成不同规模集群（例如 1000 个）的任务日志，且生成的任务日志具有原始日志中各项任务特性的分布特性和关系。这样的任务日志不能单纯地从原始日志中产生，因为这会破坏任务各项特性之间的关系和分布。本书针对任务日志建模的关键问题就是寻找任务日志中各项任务特性的关系和分布趋势构建具有通用性的任务模型。

1.3.2 任务调度的优化

1. 针对能耗的虚拟机迁移的调度优化

虚拟机是云数据中心的服务对象，而云数据中心的计算节点是虚拟机运行的容器。虚拟机对计算节点中资源的请求包括 CPU 使用率、内存使用率、存储使用量及网络带宽等。SPEC 网站 2012 年第一季度测试结果[14]显示，数据中心的计算节点运行时都会存在一个基础能耗，不管计算节点上是否有虚拟机运行。这意味着资源利用率低的计算节点会消耗与其计算不成正比的电能，拥有较低的电能利用效率（power usage effectiveness，PUE）[6]。因此如果所有虚拟机均匀地分布在各个计算节点上，那么云计算系统将会拥有较低的 PUE，从而造成电能的浪费。而虚拟机的迁移和融合可以使得所有的虚拟机运行在尽可能少的计算节点上，关闭不必要的计算节点以减少能耗，进而获得更高的 PUE。因此通过虚拟机的动态迁移和融合，尽可能关闭云数据中心不必要的计算节点来节省电能，就成为目前基于能耗的虚拟机迁移和融合策略研究的主要手段。因此，针对能耗的虚拟机迁移的调度优化就成为一个关键的问题。

2. 基于任务运行时间预测的调度优化

回填调度需要掌握任务的运行时间：通过任务的运行时间来决定什么时候进行资源预留、什么时候对队列中等待的任务进行回填。因此回填调度需要用户为所有提交的任务分别提供一个任务运行时间的预测值（即任务的请求运行时间 job request runtime，JRR）。超过 JRR 的任务会被终止，以避免延迟其后面任务的执行。这样的设定是为了鼓励用户提供更准确的 JRR，因为准确的 JRR 可提高回填的效率，而过小的 JRR 会被终止。Feitelson 和 Weil[43]指出用户给出的 JRR 经常存在很大的不准确性，且指出实际集群和网格中采集的任务日志 JRR 的平均准确度远低于50%，而用户之所以提供不准确且偏大的 JRR 是为了确保任务不被强制终止。除了不准确外，用户还习惯选取整数时间作为 JRR，例如 1 小时、2 小时等。对于调度器，这样的选择会让其无法识别任务所具有的特性，进而无法高效回填。由于回填调度利用 JRR 进行回填，不准确的 JRR 会导致回填效率低下[51]，因此如何利用系统获取的预测运行时间代替 JRR 优化回填便成为一个关键问题。

1.4 本书的主要工作

针对上节的关键问题，本书的主要工作如下。

1. 基于任务日志的任务建模

（1）首先参考基于任务日志的任务建模的相关研究构建出任务建模的通用性框架。通用性框架以最原始的日志文件为输入，将其转化为标准的任务格式，并将任务日志分为可塑性任务日志和刚性任务日志。然后按照目标需要对任务日志中相应的任务属性进行分析，找出合适的概率分布拟合方法，依据相应的任务日志计算出拟合方法的各项参数值，合并各项任务属性的拟合方法为最终的任务模型，来产生与实际环境分布一致的任务负载。最后利用通用性框架对可塑性任务日志和刚性任务日志的任务属性分析方法进行了描述。

（2）利用通用性任务建模框架对实际环境下的可塑性任务日志（虚拟机 CPU 使用率日志）进行分析，发现实际环境中单个虚拟机的 CPU 使用率呈现正态分布，而每个虚拟机 CPU 使用率的期望值则呈现指数分布。依据这两种特性，本书通过合适的概率分布函数拟合出虚拟机 CPU 使用率的期望值，然后通过正态分布产生单个虚拟机的 CPU 使用率的分布，进而产生 CPU 使用率的任务负载。最终通过通用的评测方法对本书构建的基于虚拟机 CPU 使用率的任务模型进行评估，验证虚拟机 CPU 使用率任务模型的通用性。

（3）利用通用性任务建模框架对实际环境下的刚性任务日志（生物基因测序日志）的任务到达时间、任务运行时间、任务并行尺寸，以及任务的队列特性进行了分析。分析结果发现任务日志中的任务提交时间呈现工作日周期性和节假日周期性，任务的队列使用习惯中任务的日任务到达数目存在指数分布特征；而任务并行尺寸与任务运行时间均具有长尾分布特征。将分析结果用数学语言进行描述，进而构建出任务的日周期模型、任务的队列模型、任务并行尺寸同任务运行时间模型，最后将这 3 个模型合并。评测结果显示本书基于生物基因测序日志的任务模型可以产生同实际环境中任务提交时间、任务使用的队列、任务并行尺寸和任务运行时间一致的分布，且该模型具有很强的伸缩性。

2. 两种优化调度策略

针对可塑性任务对资源的非抢占特性（任务之间可共享资源），本书提出使用一维装箱问题来描述虚拟机迁移中虚拟机同资源之间的关系模型，同时用能耗约束该关系模型。然后针对该关系模型的现有调度策略提出两种优化调度策略。

（1）虚拟机迁移是因为云数据中心的计算节点过载导致 SLA 冲突，这就需要合适的方法来判定计算节点是否过载，然后选择合适的虚拟机进行迁移。针对现有的计算节点过载判定和虚拟机选择算法，本书利用虚拟机 CPU 使用率任务模型中虚拟机 CPU 使用率近似服从正态分布的特性，提出了一种新的过载判定和选择方法。首先在虚拟机的过载判定阶段，通过计算节点上的虚拟机 CPU 使用率的期望值和标准差来判定计算节点是否过载，然后在虚拟机的选择阶段，通过最小正相关系数选择过载计算节点上的虚拟机进行迁移，最后完成虚拟机的融合，关闭不必要的计算节点，获得更高的能效比。实验结果显示，现有的过载判定和选择算法获得的最好能效比为 3.84，而本书提出的过载判定和选择算法的能效比则为 1.28。

（2）针对现有的启发式的虚拟机融合框架的设计存在的问题，本书提出一种重设计的动态虚拟机融合框架。在重设计的框架中，本书利用虚拟机 CPU 使用率任务模型中的任务特性，提出一种 SLA 冲突决定算法，利用该算法来判定虚拟机所在的计算节点是否产生 SLA 冲突。然后利用本书提出的最小能耗和最大使用率策略来对产生 SLA 冲突的计算节点进行虚拟机迁移。实验结果显示，相比于现有的虚拟机融合框架，本书的虚拟机融合框架可以减少 21.2% ~ 34.7% 的能耗、84.4% ~ 92% 的 SLA 冲突和 87.8% ~ 94.7% 的能效比。最后利用虚拟机 CPU 使用率任务模型产生 400、1000 以及 1500 个计算节点上不同数量的虚拟机任务日志，利用这些任务日志对重设计框架进行了进一步的性能评估，评估结果显示重设计框架在能耗、SLA 冲突以及能效比上远远好于现有的虚拟机融合框架。

3. 排队论

针对刚性任务的抢占特性（任务间不可共享资源），本书提出使用排队论来描述任务同资源之间关系的模型。

首先，通过调研任务运行时间预测的相关研究，本书发现目前的研究重点在于依据用户行为寻找任务日志中相似的任务来预测提交的任务。然后本书详细分析了该研究重点存在的两个难点：技术难点和使用难点。接着，描述了目前针对这两个难点的调度策略（Tsafrir），并提出了本书的调度优化策略（Trust），即基于用户信任度的任务运行时间预测的回填调度策略。最后利用实际环境下的任务日志、生物基因测序日志及其任务模型对 Tsafrir 和 Trust 进行了性能评估。利用实际环境下的任务日志的实验结果显示，相对于 Tsafrir，本书提出的 Trust 在预测准确度上平均提高了18.5%，平均等待时间下降了约 43 分钟，同时标准响应时间平均降低了8.3 ms。利用生物基因测序日志及其任务模型的实验结果显示，Trust 在任务的平均等待时间和标准响应时间的优化力度上远优于 Tsafrir。

1.5 本书的内容组织

本书共分为 5 章及"总结与展望"，图 1 - 1 是本书的组织结构图。

（1）绪论。主要介绍本书的研究背景、研究意义、研究现状，以及本书拟解决的 3 个关键问题。

（2）任务建模及调度的相关研究综述。首先概述了任务建模和调度策略，然后介绍了相关研究，最后对本书研究中涉及的任务建模数学方法和调度策略相关技术方法进行了简要描述。

（3）基于日志的任务建模。构建了用于日志任务建模的通用性框架，并且利用该通用性框架对实际环境下获取的虚拟机 CPU 使用率日志和生物基因测序日志进行了相应的任务建模。

（4）针对能耗的虚拟机调度优化。由于可塑性任务虚拟机 CPU 使用率具有动态变化特性，虚拟机可以通过迁移和融合关闭不必要的计算节点来减少能耗。利用虚拟机 CPU 使用率的任务模型中分析的单台虚拟机 CPU 使用率近似服从正态分布的任务特性，设计出了一种利用虚拟机 CPU 使用率期望值和标准差构建的通用的计算节点过载判定方法和一种优化的虚拟机选择方法。另外针对现有的虚拟机融合框架，利用虚拟机

CPU 使用率的期望值和标准差构建了一种判定计算节点是否产生 SLA 冲突的决定算法。本章最后优化了现有框架中进行虚拟机融合的最小能耗策略，并提出最小能耗和最大使用率策略。

（5）基于任务运行时间预测的调度优化。首先研究了针对现有刚性任务的回填调度存在的问题以及现有调度策略，然后利用刚性任务（生物基因测序任务）模型中分析发现的任务特性，设计出一种基于用户（队列）信任度的任务运行时间预测的通用优化调度策略，接着将这种方案应用到任务运行时间的预测。该方法可辅助回填，进行高效调度并提高其性能。最后利用生物基因日志及其模型对优化方案进行了更细致的评估。

最后是本书的总结与展望。

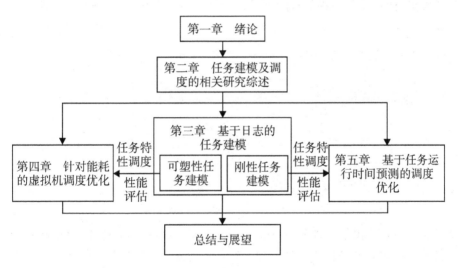

图 1-1　本书组织结构

2. 任务建模及调度的相关研究综述

调度解决的是硬件资源提供者 HRP 与硬件资源使用者 HRU 之间如何进行资源分配和调度的问题。HRU 在被调度后会在相应的计算系统留下使用痕迹，即任务日志（包括提交时间、运行时间、CPU、内存，以及 I/O 等信息）。任务建模的目的则是从任务日志中寻找 HRU 的特性并进行拟合。

 2.1　任务建模的研究综述

2.1.1　任务建模的概述

从功能性上来划分，任务建模主要分为预测性任务建模（prediction model，PM）和分析性任务建模（analytical model，AM）[27]。PM 首先对任务日志的历史数据进行训练和学习，掌握任务日志中相关任务属性的规律，然后利用这种规律特性对提交的任务进行相关任务属性的预测（包括运行时间的预测、内存的预测、存储的预测、I/O 的预测等）。AM 则是通过对任务日志进行尽可能全面的分析[27]，总结任务相关任务属性的规律性，然后通过分析的结果构建任务模型，最终利用相应的任务模型产生具有伸缩性的任务日志。相比于原有任务日志，由 AM 产生的任务日志具有如下优点[37]：

（1）任务模型具有任务日志的各个任务特性，因此通过调节各个特性的参数可以研究系统性能的变化情况。

（2）任务日志可能被失败的任务污染，而任务模型可以完全避免这种情况的发生。

（3）伸缩特性，例如从 128 个节点上采集的任务日志构建的任务模型，可以通过调节参数生成 256 个节点上的任务日志。

（4）重复特性，任务模型相当于随机变量，而任务日志只是这个随机变量的一个采样点，任务模型可以重复地产生同样集群环境下的不同的任务日志。由以上分析不难发现，PM 用于预测，AM 用于评估。本书研究的任务模型为 AM，为了方便起见，以下出现的任务模型均指 AM。下面调研基于日志的任务建模的相关研究。

2.1.2　任务建模的相关研究

2.1.2.1　集群和网格中的任务建模

计算机系统的性能主要受 3 个因素影响[18][19]：①系统的体系设计；②系统的具体实现；③系统上所运行的任务负载。高性能计算机系统是计算机的扩展，因此也满足这 3 个条件。对于计算机系统的设计，教学中的数据结构和算法设计为其提供了大量的理论知识，而教学中的计算机体系结构和操作系统为其提供了大量的实例；对于系统的具体实现，教学中面向对象的设计和面向性能的编程为其提供了大量可用的方法。但是利用实际环境中的日志进行任务建模，进而对高性能系统的性能进行评估的知识则相对有限。

Maria 在文献［20］中对任务负载特征做了详细的调查，调查主要包括：批处理系统、交互式处理系统、数据库系统、网络系统，以及并行系统的任务负载特征。同时 Maria 也给出了系统上任务负载建模的 4 个阶段：①对任务负载的特征描述阶段；②任务负载相关参数的收集阶段；③任务负载中相关数据的统计分析阶段；④针对任务负载的特征与分析建立相应的评价指标。同时 Maria 在文献［21］中用一个一元八次多项式模拟任务在白天（AM 8：30 ～ PM 6：00）到达的时间间隔特征，发现系统上运行的任务在到达时间间隔上具有周期性。而本书针对生物基因测序日志的模型构建中，也发现了同样的规律。而 Feitelson 在文献［28］中通过分析 NASA Ames iPSC/860 集群日志[9]中的任务负载特征，发现该集群的任务到达时间间隔不但具有工作日周期性，同时还具有节假日周期性。然后 Feitelson 又在文献 [29] 中针对任务负载的 4 个不同特征进行建模：
任务并行尺寸、任务运行时间、用户重复提交的任务数量，以及任务到达
时间间隔。Feitelson 利用指数分布来模拟任务到达时间间隔，通过对日志
分析模拟出任务并行尺寸，然后利用高阶指数分布模拟出任务运行时间。
需要指出的是 Feitelson 在进行任务时间间隔模拟时，并没有考虑任务到达
的工作日周期性和节假日周期性，而本书在对生物基因测序日志的模型构
建中，同时考虑这两种周期性。

Downey 在文献 [30] [31] 中利用指数分布模拟任务到达时间间隔、
任务并行尺寸的分布情况模拟出任务的加速比模型，然后利用任务的总运
行时间（串行时间）和加速比模型模拟出任务运行时间和任务并行尺寸。
Jann[32] 利用高阶欧拉分布[34] 模拟了任务到达时间间隔，然后将任务并行
尺寸进行分组，再对每一组内的任务总的 CPU 使用时间进行模拟（高阶
欧拉分布），从而找出任务并行尺寸与任务运行时间之间的对应关系。相
对于 Feitelson 模型，Jann 模型使用了更具有代表性的欧拉分布，但是
Jann 模型使用的日志文件单一，且与原日志文件的相似性极大，因此不
易移植。Hui[103][104] 针对任务到达时间间隔和任务运行时间进行了更为复
杂的任务建模，其中针对任务到达时间间隔的模型可以用于预测实际环境
下的任务到达时间间隔，进而优化资源的调度。Feitelson[105] 指出，进行
任务建模时需要找出任务负载中关键的任务属性，因为关键的任务属性对
系统性能有至关重要的影响，然后其分析了任务负载到达的日周期特性对
不同调度策略的影响，最终发现调度器在拥有日周期特性和没有日周期特
性的任务负载下的性能评估的差距达到 50% 左右，因此任务的日周期特
性是任务建模中的一个关键的任务属性。而针对任务到达时间规律存在大
范围依赖特性和突发特性，Hui[102] 提出了一种多面小波模型（multi-
fractal wavelet model，MWM）来模拟任务到达规律中的长范围依赖特性，
但是并没有很好地模拟突发特性，因此 Minh[106] 针对突发特性提出了一
种改进的 MWM，以更好地拟合任务到达时间规律上的突发特性。

Lublin[37] 在分析了任务到达的工作日周期性后，将一天分为 48 个时
间槽，每个时间槽（1800 秒）根据其平均到达的任务数，获得正比于任
务数的权重，然后采用伽马分布对任务的工作日周期性进行模拟。同时
Lublin 发现任务的并行尺寸与任务运行时间具有正比关系，且这两个任务
特征的对数呈伽马分布，于是，其首先模拟出任务并行尺寸，然后通过任

务并行尺寸模拟出任务运行时间。不同于 Lublin 的研究，本书在对生物基因测序日志的研究中除了考虑任务到达时间的工作日周期性，同时也考虑到任务到达时间的节假日周期性。Cirne[38] 通过调查发现，使用 AppLeS 作为调度器的超级计算机可以大幅度地降低可塑性任务[42]的响应时间，因此 Cirne[38][40] 对可塑性任务的响应时间进行了建模[36]。Cirne 的任务模型可以将刚性任务[42]转化为可塑性任务，其任务模型中的应用程序的并行性模型是以 Downey 模型中的并行性模型为原型构建的。Li[47] 等人对任务负载的多种特征进行了分析建模，这些特征包括系统使用率、任务到达时间间隔、任务的失败率、任务并行尺寸、任务的请求与实际运行时间、内存的平均使用量，以及用户与组之间的行为等。

Javadi[107] 提出了一种失败任务日志的格式化描述方法（failure trace archive，FTA），然后利用 FTA 对集群环境下不同的失败任务日志进行了格式化，同时创建了一种用于失败任务日志分析和建模的工具箱，最后利用工具箱对 9 种不同的失败任务日志进行了分析，分析显示失败任务的分布更多趋向于韦伯分布和伽马分布。Mishra[108] 提出了一种针对任务负载进行分类的方法，该方法包括任务负载的不同维度（例如处理器数目、内存使用量等），然后利用该方法对谷歌云计算系统上运行的任务负载进行了分类描述并取得了很好的效果。Zakay[109] 提出利用用户在线活跃时间来界定用户事务（参见术语描述）的长度，这样可以更好地描述用户提交任务的习惯。Zakay 在文献［110］中将任务日志按照用户分割为不同的子任务日志，把子任务日志按照不同的规则组合成新的任务日志，合成的任务日志拥有原任务日志中用户特性的同时也拥有任务模型的伸缩性。

2.1.2.2　云计算中的任务建模

在云计算方面，由于云计算的任务日志相对较少，因此并没有相关的基于日志的任务模型。但是在云计算的虚拟资源调度策略的研究中，有很多研究使用了集群环境的任务日志、任务模型或数学模型进行调度策略的性能评估。在文献［60］中，Calheiros 使用了由 Urdaneta 构建的基于维基网页的网页负载的任务模型[61]和由 Iosup 构建的基于科学运算负载的任务到达时间的模型[62]，并对其提出的资源调度策略进行了性能评估。Toosi[64] 利用 Lublin 任务模型[37]评估了联合云环境下资源调度策略的性能。Kim[65] 在固定任务各项参数（任务运行时间除外）情况下，随机地选取任务运行时间，构建出一种单纯的数学模型，进而对其在云环境下使用的动态电压频率调整节能算法（dynamic voltage frequency scaling, DVFS）进行了性能评估。Garg 在文献［66］中使用由网站 PWA[9] 提供的日志文件作为其任务产生模型，对其提出的虚拟机调度策略进行性能评估，同时 Garg 在文献［67］中也使用了相同的任务模型进行了性能评估。Wu 在文献［68］中使用了一种单纯的数学模型作为任务模型来进行虚拟资源调度算法的性能评估，其中任务的到达时间采用泊松分布进行模拟，而其他的属性均采用正态分布。

2.1.2.3　任务建模的数学基础

本书构建的任务模型主要使用到概率论中的指数分布函数、高阶指数分布函数、伽马分布函数、韦伯分布函数，以及正态分布函数；通过线性代数中的线性拟合来完成任务模型的构建；以及使用文献［23］［25］中提出的 Kolmogorov – Smirnov 评测和 Anderson – Darling 评测来对最终构建的任务模型进行评测。

1.　数据生成方法

在描述各种分布函数的数据生成方法之前，需要引入概率论中概率密度函数和分布函数的概念。

定义 2 – 1　设 X 为一随机变量，如果存在一个非负函数 $f(x)$ 使得对于任意实数 $a < b$，都有关系式 $P\{(a \leqslant X < b)\} = \int_a^b f(x)\,\mathrm{d}x$ 成立，则称 $f(x)$ 为 X 的概率密度函数，简称为概率密度。

定义 2 – 2　设 X 为随机变量，x 为任意实数，则函数 $F(x) = P\{X < x\} = \int_{-\infty}^x f(t)\,\mathrm{d}t$ 为随机变量 X 的分布函数。

需要指出的是，分布函数产生随机数据的原理，归根到底是利用随机数产生器产生随机数，然后依照不同分布函数的特性产生符合该分布函数规律的数据。由于真随机函数发生器的制造成本和理论基础要求非常高，本书使用的是 Java 技术中提供的伪随机函数发生器。下面阐述由各种分布函数产生数据的方法。

（1）指数分布的数据生成。如果随机变量服从参数为 $1/\theta$ 的指数分布，那么可记作 $x \sim E(1/\theta)$。易知指数分布的概率密度函数如公式（2 – 1）。则由定义 2 – 2 可得指数分布的分布函数为公式（2 – 2），对公式（2 – 2）进行化简可得式（2 – 3）。易知 $F(x)$ 的取值范围为 ［0，1］，因此可以利用伪随机函数发生器产生 0 到 1 之间的随机数，将产生的随机数赋值给 $F(x)$，进而通过公式（2-3）产生服从指数分布的随机变量 x。

$$f(x) = \frac{1}{\theta}e^{-\frac{1}{\theta}x} \tag{2-1}$$

$$F(x) = \int_0^x \frac{1}{\theta}e^{-\frac{1}{\theta}t}dt = 1 - e^{-\frac{1}{\theta}x} \tag{2-2}$$

$$x = -\theta\ln(1 - F(x)) \tag{2-3}$$

（2）高阶指数分布的数据生成。高阶指数分布是 n 个指数分布分别乘以 n 个概率值的加和，且这 n 个概率值的加和为 1。其概率密度可由公式（2-4）求出，则其分布函数可由公式（2-5）求得。下面采用二阶指数分布为例说明高阶指数分布数据生成的过程。首先假设二阶指数分布随机变量为 x，可得公式（2-6）。易知公式（2-6）中的概率 p 的取值范围为 $[0, 1]$，因此，可以利用伪随机函数发生器产生 0 到 1 之间的随机数。如果随机数 P 小于等于公式（2-6）的 p，则 $1 - F(x)$ 等于以 θ_1 为期望值的指数分布；如果 P 大于 p，则 $1 - F(x)$ 等于以 θ_2 为期望值的指数分布，如公式（2-7）所示。公式（2-7）中的 $1 - F(x)$ 可由伪随机函数发生器产生，进而产生服从二阶指数分布的数据，同样的方法可以产生服从高阶指数分布的数据。

$$f(x) = \sum_{i=1}^n \frac{p_i}{\theta_i}e^{-\frac{1}{\theta_i}x}, \quad \sum_{i=1}^n p_i = 1 \tag{2-4}$$

$$F(x) = \sum_{i=1}^n p_i\int_0^x \frac{1}{\theta_i}e^{-\frac{1}{\theta_i}x}dx = \sum_{i=1}^n p_i(1 - e^{-\frac{1}{\theta_i}x}) = 1 - \sum_{i=1}^n p_ie^{-\frac{1}{\theta_i}x} \tag{2-5}$$

$$1 - F(x) = p\frac{1}{\theta_1}e^{-\frac{1}{\theta_1}x} + (1 - p)\frac{1}{\theta_2}e^{-\frac{1}{\theta_2}x} \tag{2-6}$$

$$x = \begin{cases} -\theta_1\ln(1 - F(x)), P \le p \\ -\theta_2\ln(1 - F(x)), P > p \end{cases} \tag{2-7}$$

（3）伽马分布的数据生成。伽马分布的概率密度函数和分布函数如公式（2-8）和（2-9）所示。公式（2-8）和（2-9）中的 α 为伽马分布的形状参数，β 为伽马分布的尺度参数，这两个参数均大于零。如果

x 服从伽马分布，则记为 $x \sim \Gamma(\alpha,\beta)$。在概率论中，伽马分布具有加成特性，即对于任意两个随机变量 y 和 z，如果 $y \sim \Gamma(\alpha_1,\beta)$，$z \sim \Gamma(\alpha_2,\beta)$ 且 $x = y + z$，则有 $x \sim \Gamma(\alpha_1+\alpha_2,\beta)$，可得公式（2-10），式中 $\lfloor\alpha\rfloor$ 表示 α 的整数部分，$\alpha-\lfloor\alpha\rfloor$ 表示 α 的小数部分。由公式（2-8）知 $\Gamma(1,\beta)$ 是期望值为 β 的指数分布，则可得公式（2-11），式中 $u_i \sim U(0,1)$。另外依据文献［23］第 29 章第 8 小节，当伽马分布中的形状参数 α 小于 1 时，可以由一个服从贝塔分布的随机变量 $y \sim B(\alpha-\lfloor\alpha\rfloor,1-\alpha+\lfloor\alpha\rfloor)$（文献［23］第 29 章第 2 小节），乘上一个期望值为 1 的服从指数分布的变量 $z \sim \exp(1)$，最后乘上 β 获得，则可得公式（2-12）。依据文献［23］第 29 章第 2 小节，公式（2-12）中服从贝塔分布的随机变量 y 可以由两个随机变量 m 和 n 产生，即 $y = m/(m+n)$，其中 m 和 n 可由公式（2-13）产生。其中 u_m，$u_n \sim U(0,1)$。当 $m+n > 1$ 时，重复公式（2-13），再次产生随机变量 m 和 n；而当 $m+n \leqslant 1$ 时，则通过公式 $y = m/(m+n)$ 产生随机变量 y，然后代入公式（2-12）即可得 $\Gamma(\alpha-\lfloor\alpha\rfloor,\beta)$ 分布。通过公式（2-10）、（2-11）和（2-12），可得公式（2-14）。因此服从伽马分布的随机变量 x 可由公式（2-14）产生。

$$f(x) = \frac{1}{\beta\Gamma(\alpha)}\left(\frac{x}{\beta}\right)^{\alpha-1}\mathrm{e}^{-x/\beta}, \ \Gamma(\alpha) = \int_0^\infty x^{\alpha-1}\mathrm{e}^{-x}\mathrm{d}x \qquad (2-8)$$

$$F(x) = \frac{\displaystyle\int_0^x t^{\alpha-1}\mathrm{e}^{-t}\mathrm{d}t}{\displaystyle\int_0^\infty t^{\alpha-1}\mathrm{e}^{-t}\mathrm{d}t} \qquad (2-9)$$

$$x \sim \sum_{i=1}^{\lfloor\alpha\rfloor}\Gamma(1,\beta) + \Gamma(\alpha-\lfloor\alpha\rfloor,\beta) \qquad (2-10)$$

$$\sum_{i=1}^{\lfloor\alpha\rfloor}\Gamma(1,\beta) \sim -\beta\sum_{i=1}^{\lfloor\alpha\rfloor}\ln u_i \qquad (2-11)$$

$$\Gamma(\alpha-\lfloor\alpha\rfloor,\beta) \sim \beta yz \qquad (2-12)$$

$$m = u_m^{1/(\alpha-\lfloor\alpha\rfloor)}, \ n = u_n^{1/(1-\alpha+\lfloor\alpha\rfloor)} \qquad (2-13)$$

$$x = -\beta\sum_{i=1}^{\lfloor\alpha\rfloor}\ln u_i + \beta yz \qquad (2-14)$$

（4）韦伯分布的数据生成。韦伯分布的概率函数和分布函数如公式（2-15）和公式（2-16）所示。由公式（2-16）容易得出服从韦伯分布的随机变量 x 的产生如公式（2-17）。公式中 $F(x)$ 可由伪随机函数发生器产生，进而产生服从韦伯分布的数据。

$$f(x) = \frac{\alpha}{\beta} \left(\frac{x}{\beta} \right)^{\alpha-1} e^{-(x/\beta)^\alpha} \qquad (2-15)$$

$$F(x) = 1 - e^{-(x/\beta)^\alpha} \qquad (2-16)$$

$$x = \beta[-\ln(1 - F(x))]^{1/\alpha} \qquad (2-17)$$

（5）正态分布的数据生成。本书使用 Box – Muller[18] 方法来产生正态分布的随机变量 x。依据统计学和概率论的知识，易得正态分布的概率密度函数公式（2 – 18）。公式（2 – 18）中的 μ 是正态分布的期望值，δ 是正态分布的标准差。如果变量 x 服从正态分布，可标记为 $x \sim N(\mu, \delta)$。当 $\mu = 0$，$\delta = 1$ 时，x 服从标准正态分布即 $x \sim N(0,1)$，可得公式（2 – 19）。假设另一随机变量 y 也服从标准正态分布即 $y \sim N(0,1)$，则这两个随机变量分布函数的乘积可得公式（2 – 20）。显然公式（2 – 20）是一个二重积分，可将其转换到极坐标情况下进行积分，进一步可得公式（2 – 21）。

$$f(x) = \frac{1}{\delta \sqrt{2\pi}} e^{-(x-\mu)^2/2} \qquad (2-18)$$

$$f(x) = \frac{1}{\sqrt{2\pi}} e^{-x^2/2} \qquad (2-19)$$

$$F(X)F(Y) = \int_0^X \frac{1}{\sqrt{2\pi}} e^{-x^2/2} dx \int_0^Y \frac{1}{\sqrt{2\pi}} e^{-y^2/2} dy \qquad (2-20)$$

$$F(R) = \int_0^{2\pi} d\theta \int_0^R \frac{1}{2\pi} e^{-r^2/2} r dr = 1 - e^{-R^2/2} \qquad (2-21)$$

公式（2 – 21）中，$x = r\cos\theta$，$y = r\sin\theta$，$\theta \in [0, 2\pi]$ 且 $R = \sqrt{X^2 + Y^2}$。当 $X \to 0$，$Y \to 0$ 时，可得公式（2 – 22），当 $X \to \infty$，$Y \to \infty$ 时，可得公式（2 – 23）。因此有 $1 - F(R) \in [0,1]$，则 $1 - F(R)$ 可由伪随机函数发生器产生。同时利用笛卡尔坐标下的 x、y 与极坐标下 r、θ 之间的关系可得公式（2 – 24）。其中 $\theta \in [0, 2\pi]$，可由随机变量 $2\pi u(u \sim U[0,1])$ 产生。最后将服从标准正态分布的随机变量生成公式（2 – 24）扩展到更具有一般性的服从正态分布的随机变量生成公式（2 – 25），进

而产生服从正态分布的数据。

$$\lim_{R \to 0} F(R) = \lim_{X \to 0, Y \to 0} F(X)F(Y) = 0 \qquad (2-22)$$

$$\lim_{R \to \infty} F(R) = \lim_{X \to \infty, Y \to \infty} F(X)F(Y) = 1 \qquad (2-23)$$

$$x = \sqrt{-2\ln(1 - F(R))}\cos\theta, y = \sqrt{-2\ln(1 - F(R))}\sin\theta$$
$$(2-24)$$

$$x = \mu + \sigma\sqrt{-2\ln(1 - F(R))}\cos\theta, y = \mu + \sigma\sqrt{-2\ln(1 - F(R))}\sin\theta$$
$$(2-25)$$

2. 线性拟合

本书中拟合的曲线均为笛卡尔坐标系内的曲线，因此采用多项式进行拟合。假设拟合的多项式的最高次数为 $n-1$，拟合的样本点 (x_i, y_i) 数目为 m 个，其中 $n \leqslant m$，则可得公式（2-26）。将这 m 个样本点代入公式（2-26）中可得公式（2-27）。然后利用向量 $\vec{x}$ 代替向量 $[a_1, \cdots, a_n]^T$，利用矩阵 A 代替向量 $\vec{x}$ 的左乘矩阵，利用向量 $\vec{y}$ 代替向量 $[y_1, \cdots, y_m]^T$。则公式（2-27）可化简为（2-28）。将矩阵 A 表示成列向量的形式，则有 $A = [\vec{a}_1, \cdots, \vec{a}_n]$，由公式（2-27）中矩阵 A 的表达式容易计算出 A 的这 n 个列向量线性无关，即矩阵 A 的秩 $R(A) = n$。A 的这 n 个列向量组成的向量空间记为 $C(A)$。由于日志中样本点的大规模性，一般情况下公式（2-28）是无解的。我们需要求出最优解，即保证向量 $A\vec{x}$ 与向量 $\vec{y}$ 之间距离最短的解。而向量 $\vec{y}$ 与列空间 $C(A)$ 的最短距离，等价于向量 $\vec{y}$ 与向量 $\vec{y}$ 在列空间 $C(A)$ 上投影向量的距离。所以向量 $\vec{x}$ 为最优解的前提是向量 $A\vec{x}$ 是向量 $\vec{y}$ 在列空间 $C(A)$ 上的投影。由线性代数可知矩阵 A 的投影矩阵为 $P = A(A^TA)^{-1}A^T$，因此求公式（2-28）最优解的问题最终可以转化为求解公式（2-29），对公式（2-29）化简可得公式（2-30）。对公式（2-30）求解的关键在于矩阵 A^TA 是否可逆，如果可逆则可以通过公式（2-30）求解。

$$a_1 x_i^{n-1} + a_2 x_i^{n-2} + \cdots + a_{(n-1)} x_i + 1 = y_i \qquad (2-26)$$

$$\begin{bmatrix} x_1^{n-1} & x_1^{n-2} & \cdots & x_1 & 1 \\ \vdots & \vdots & \vdots & \vdots & \vdots \\ x_m^{n-1} & x_m^{n-2} & \cdots & x_m & 1 \end{bmatrix} \begin{bmatrix} a_1 \\ \vdots \\ a_n \end{bmatrix} = \begin{bmatrix} y_1 \\ \vdots \\ y_m \end{bmatrix} \qquad (2-27)$$

$$A\vec{x} = \vec{y} \qquad\qquad (2-28)$$

$$A\vec{x} = P\vec{y} \qquad\qquad (2-29)$$

$$\vec{x} = (A^{\mathrm{T}}A)^{-1}A^{\mathrm{T}}\vec{y} \qquad\qquad (2-30)$$

定理 2 – 1 如果矩阵 $\boldsymbol{B}$ 的各个列向量 $\vec{b}_1$，$\vec{b}_2$，$\cdots$，$\vec{b}_n$ 线性无关，则矩阵 $\boldsymbol{B}^{\mathrm{T}}\boldsymbol{B}$ 可逆。

证明 首先 $\boldsymbol{B}^{\mathrm{T}}\boldsymbol{B}$ 可逆等价于方程 $\boldsymbol{B}^{\mathrm{T}}\boldsymbol{B}x = 0$ 有且仅有零解，推导过程如下：

$$\boldsymbol{B}^{\mathrm{T}}\boldsymbol{B}x = 0$$

$$\Leftrightarrow x^{\mathrm{T}}\boldsymbol{B}^{\mathrm{T}}\boldsymbol{B}x = 0$$

$$\Leftrightarrow (\boldsymbol{B}x)^{\mathrm{T}}\boldsymbol{B}x = 0$$

$$\Leftrightarrow \boldsymbol{B}x = 0$$

因为矩阵 $\boldsymbol{B}$ 的各个列向量 $\vec{b}_1, \vec{b}_2, \cdots, \vec{b}_n$ 线性无关，所以 $\boldsymbol{B}x = 0$ 有且仅有零解，即矩阵可逆。因此可以通过公式（2 – 30）求出公式（2 – 28）的最优解，进而完成笛卡尔坐标系内任一曲线的线性拟合。

3. 评测方法

第一，Kolmogorov – Smirnov 评测。

Kolmogorov – Smirnov 评测是通过日志中的样本点的累加函数值与任务模型中相应样本点的累加函数值之间的最大距离来评测模型优劣的。依照 Kolmogorov – Smirnov 评测的思路，Kolmogorov – Smirnov 评测过程如下。

（1）将日志中样本点按照升序进行排列同时去除重复：排列结果为 $x_1, x_2, \cdots, x_n$，且每个样本点的个数分别为 $N_1, N_2, \cdots, N_n$。将任务模型中的样本点进行升序排列同时去除重复：排列结果为 $x_1, x_2, \cdots, x_n$，且每个样本点的个数为 $M_1, M_2, \cdots, M_n$。同时 $N = N_1, N_2, \cdots, N_n$，$M = M_1, M_2, \cdots, M_n$。

（2）可计算出日志中和模型中每个样本点的累加函数值如下。

$$F_n(x) = \begin{cases} 0 & x < x_1 \\ N_i/N + F_n(x_{i-1}) & x_i \leqslant x < x_{i+1} \\ 1 & x \geqslant x_n \end{cases} \qquad (2-31)$$

$$F(x) = \begin{cases} 0 & x < x_1 \\ M_i/M + F(x_{i-1}) & x_i \leqslant x < x_{i+1} \\ 1 & x \geqslant x_n \end{cases} \quad (2-32)$$

（3）定义日志中和模型中相同样本点之间的绝对距离为 $D_i = \sup\{|F(x_i) - F_n(x_i)|\}$，同时用 $D_{\max}$ 表示最大距离，则有公式（2-33）。评测结果中 $D_{\max}$ 越小，则表示模型对日志文件中数据的拟合效果越好。

$$D_{\max} = \max\{D_1, D_2, \cdots, D_n\} \quad (2-33)$$

第二，Anderson – Darling 评测。

Kolmogorov – Smirnov 评测简记为 KSTest，评测的是模型产生的样本点的累加函数与原日志中样本点的累加函数之间的最大差值，并没有给出整体样本拟合的评测效果。因此需要一种能够对整体拟合情况进行评测的方法。Anderson – Darling 评测（简记为 ADTest）是在 KSTest 基础上改进的一种评测方法，这种评测方法可以对模型同原日志文件之间进行整体的评测。在 KSTest 步骤一和步骤二的基础上，ADTest 对模型中样本点和日志中相应样本点之间的累加函数的差值的平方即 $[F(x_i) - F_n(x_i)]^2$ 赋予一个权重 $f(x_i)/\{F(x_i)[1 - F(x_i)]\}$，其中 $f(x_i)$ 表示模型中样本点 x_i 的概率密度。该权重表示模型和日志中相应样本点的累加函数的差值所占的比重，且依赖于模型中样本点的概率密度和累加函数的大小。则最终的评测结果可表示为公式（2-34），其中 Δx_i 表示两个相邻样本点之间的距离。原公式是一种积分形式，本书中的样本点是离散的，故公式（2-34）的表示与原公式有所不同。

$$A^2 = n \sum_{i=1}^{n} [F(x_i) - F_n(x_i)]^2 \frac{f(x_i)}{F(x_i)[1 - F(x_i)]} \Delta x_i \quad (2-34)$$

2.2　调度策略的研究综述

2.2.1　调度策略概述

调度解决的是 HRP 与 HRU 匹配的问题。从资源占有的时间和空间来看，HRP 主要分为分时共享资源（TSR）和空间共享资源（SSR）[119]。假设将单位时间分割为 n 个时间片，那么 TSR 是指资源在这 n 个时间片内（即该单位时间内）可以由不同的 HRU 占用，而 SSR 则是指在这 n 个时间片内只能有一个 HRU 占用。TSR 包括 CPU、I/O，以及网络带宽等，而 SSR 主要是指内存。从资源使用者的角度看，在集群、网格和云计算环境下，HRU 主要是指任务和虚拟机。如果用一个二元组 < HRU，HRP > 来表示某个 HRU 占用某个 HRP，那么这个二元组的具体取值就表示一次调度。而能够给出这个二元组取值的调度就称为元调度（MS）[120]。

元调度可分为中心化元调度[121]（CMS）和去中心化元调度[122]（DMS）。CMS 需要掌握计算资源所有信息的可用情况，例如 CPU、内存、存储、I/O 以及网络带宽等，然后依据 HRU 的资源请求为其选择合适的计算节点。传统的高性能计算系统均采用 CMS 的调度方式对 HRU 进行调度。相应的调度算法包括 FCFS、回填调度，以及 Gang 调度[123]等。传统高性能计算的计算资源相对有限，因此 CMS 可以轻松地掌握所有计算资源的可用信息。但是，网格计算和云计算资源的大规模性，使得 CMS 不容易维护所有关于 HRP 的信息，于是就出现了 DMS。DMS 不需要掌握所有资源的信息，只需在保证 HRU 的 QoS 前期下，将其分配给合适的 CMS，由 CMS 对其进行更详细的调度，从这个意义上讲，DMS 是管理 CMS 的元调度。

通过 DMS 和 CMS 可以辨别集群计算、网格计算和云计算，但是无法体现 HRU 的特性。从 HRU 的内在依赖性来看，MS 又可分 DJMS 和 IJMS[126]。在 DJMS 中，HRU 内的子任务间相互依赖，而关于 HRU 的内在关系模型一般假设为 DAG 图[126]，因此解决的是多任务到多资源的映射问题。

DJMS 又分为静态调度（Static Scheduling）[126] 和动态调度（Dynamic Scheduling）[127]。静态调度表示调度前 DAG 关系和 HRU 的资源请求是确定的，而动态调度表示调度前 DAG 关系和 HRU 的资源请求是不确定的。在 IJMS 中，HRU 内的子任务间相互独立，而 HRU 与资源的关系模型一般假设为排队论中的排队模型。本书的研究的类型为 IJMS。

由以上分析不难发现，不论是 CMS 还是 DMS，最终对 HRU 的具体调度都会由 CMS 来完成。鉴于本书涉及的是对非依赖性 HRU（任务和虚拟机）的具体调度问题，因此相关研究的调研主要集中在 CMS 中的 IJMS 研究。同时针对本书的两个关键性问题，以下主要分析 CMS 中 IJMS 针对能耗的虚拟机迁移的调度和基于任务运行时间预测调度的相关工作。

2.2.2 调度策略的相关研究

2.2.2.1 针对能耗的虚拟机迁移调度的相关研究

计算系统中的能耗主要包括静态能耗和动态能耗[124]。针对这两类能耗，目前的能耗管理策略主要分为静态能耗管理（SPM）和动态能耗管理（DPM）[124]。SPM 解决的是计算节点在设计时关于能耗的所有问题，包括晶体管设计、电路布局等。DPM 解决的是计算节点在使用过程中的能耗管理问题，包括计算系统当前资源请求、计算系统当前状态等。关于 DPM，有两个重要的假设，第一是当在计算节点上运行的 HRU（硬件资源使用者）动态变化时，DPM 可以动态地调节计算节点的能耗状态；第二是在某种情况下，HRU 的行为可以被 DPM 预测。DPM 又可分为 HDPM（Hardware DPM）和 SDPM（Software DPM）。

HDPM 可分为 DCD 和 DPS。

（1）DCD 主要目的是通过关闭低效的计算节点来节省能耗。DCD 又可分为 PDCD（Predictive DCD）和 SDCD（Stochastic DCD）。

1）PDCD 通过计算节点上 HRU 动态变化的任务日志，选择是否将该计算节点关闭，以及关闭的时间长短。

2）SDCD 通过计算系统和 HRU 任务日志的分析性任务模型来模拟计算系统和 HRU 的行为，从中整理出能耗管理策略。

（2）相比于 DCD，DPS 可以根据当前 HRU 的变化情况动态将计算节点调节为不同的能耗状态，进而达到降低能耗的目的，例如 DVFS。而

SDPM 是管理 HDPM 的接口，例如集成在 BIOS 中的 ACPI 能耗管理模块。

尽管 DPS 优于 DCD，但是 DPS 目前仍存在很多技术难点：由于 CPU 架构的高度复杂性，很难将 CPU 的频率同 HRU 的计算请求对应起来；不同 CPU 的架构存在差异性，因此 CPU 的频率同电压之间的关系也并不一致。相比于 DPS，DCD 的实现更容易。而相比于 SDCD，PDCD 更容易通过任务日志进行能耗的预测。基于此，本书针对能耗的虚拟机迁移的调度策略考虑的是 DCD 中的 PDCD 能耗管理策略。下面介绍针对能耗的虚拟机迁移调度的相关工作。

在云数据中心，如何利用有限的能耗获得更高的资源利用率已经成为一个亟待解决的问题[101]。据本书所查阅的参考文献来看，第一篇关于云数据中心的能耗管理是由 Nathuji 和 Schwan 完成的[69]。在这篇文献中，Nathuji 和 Schwan 提出一种用于虚拟机调度的虚拟能耗管理方法 VPM，VPM 提供了云数据中心运行的虚拟机访问的接口，通过这个接口，用户虚拟机可以对 VPM 进行单独的操作。同时，VPM 可以整体上控制和协调不同虚拟机使用的能耗管理策略，进而到达降低能耗的目的。不同于 VPM 的能耗管理，Stoess 等人[70]提出了一种模块化的能耗管理框架，这个能耗管理框架是多层操作系统体系，同时提供了一种对虚拟机融合的一致性的模型来进行虚拟机的调度。而文献［71］［72］中针对云数据中心的能耗管理问题也进行了相同的研究。

考虑到传统的虚拟计算环境中的负载融合的目的是优化系统的某种性能（例如 SLA），Verman 等人[73]提出了一种基于能耗的应用程序融合的框架 pMapper。pMapper 通过虚拟化技术将能耗和性能管理进行融合，进而优化云数据中心的虚拟机资源调度。同时，pMapper 也可以在系统性能请求固定的情况下，提供使数据中心的能耗最小化的方法。另外，考虑到高效的负载融合可以极大地降低云数据中心的能量消耗，Srikantaiah 等人[74]研究了能耗、资源使用率以及任务负载融合性能之间的关系，并将负载融合看作装箱问题来模拟。最后的研究结果显示，如果负载融合的方式不同，则能耗与性能之间的比值也不同。在文献［75］中，Cardosa 等人采用虚拟化技术中的 Min-Max 和资源的内在共享等特性，创造性地提出了一套新的虚拟机融合技术。这套融合技术可以很容易地对云数据中心运行的异构的应用程序进行动态的能耗与性能的平衡。文献［76］［77］［78］也进行了相同问题的研究。这些研究均针对具体的任务负载进行虚拟机的融合和调度，因此具有很强的任务负载依赖性。

另外，有大量的研究将虚拟机的融合和调度看作多目标优化问题，或者利用某种预测模型来关闭不必要的虚拟机，进而通过减少虚拟机运行的数量来达到降低能耗的目的。在文献［79］中，Xu 等人将虚拟机融合看作一种多目标优化问题。其中，优化的目标包括最小化能耗、最小化 SLA 冲突，然后提出了一种用于虚拟机融合的模糊多目标评估的改进遗传算法。对比文中提到的其他 4 种用于虚拟机融合的装箱方法和单目标方法，改进的遗传算法可以获得更好的能效比（EPT）。在文献［80］中，Duy 等人在调度器中植入一种智能网络预测器，预测器可以基于历史数据预测资源的请求。该方法可以关闭不必要的虚拟机，进而减少云数据中心中运行的虚拟机，以此来降低能耗。在文献［81］中，Feller 等人将虚拟机融合问题看作多目标装箱问题，设计了一种基于蚁群算法的虚拟机融合算法。相比于一种常用的 Fist-Fit Decreasing 算法，该算法获得更好的能效比。同时，该算法可以在分布式环境中实现。文献［82］［83］［84］［85］也进行了相似的研究。

在文献［86］中，Dupont 在云数据中心中设计了一种用于虚拟机融合的弹性的能耗意识的框架。框架的主要组件是一个优化器，该优化器可以处理 SLA 冲突、不同数据中心的内部连接及能耗问题。实验显示该框架可以获得很好的能效比。在文献［87］中，Beloglazov 等人在云计算中提出一种基于能耗的虚拟机融合的框架。首先在云数据中心中对计算节点设定一个固定的 CPU 使用率的上限阈值；然后将超过该阈值的计算节点标记为过载状态；最后迁移过载计算节点上运行的虚拟机，直到计算节点的 CPU 使用率低于上限阈值。但是固定的阈值不适合云计算环境中动态的虚拟机融合。于是 Beloglazov 等人在文献［88］中提出一种启发式的动态虚拟机融合框架，该框架通过分析虚拟机 CPU 使用率的历史数据来预测虚拟机将来的 CPU 使用率，进而优化对虚拟机的调度，达到降低能耗的目的。

2.2.2.2 任务运行时间预测调度的相关研究

针对集群和网格环境（CGE）的任务的运行时间预测是一个重要的研究点。依据文献［111］可知，在 CGE 环境下，任务的运行时间预测可分为两类：任务代码剖析（Code Profiling, CP）和任务分析性测试基准（Analytical Benchmarking, AB）[112]；静态预测方法（Statical Prediction, SP）。

（1）CP 是关于代码的具体函数，用于剖析任务代码内部的并行特性。对于给定的任务代码，CP 将其分成许多相同或不同的子代码，然后根据子代码的特性来确定任务代码的类别。而 AB 则是用来评估已知任务代码类型在不同计算节点上的性能基准。因此，一旦通过 CP 获取任务代码的类型，以及所使用的计算节点类型，便可以通过 AB 来预测任务的运行时间。

（2）SP 是 CGE 下的元调度器利用任务的历史数据来预测提交任务运行时间的方法。任务的历史数据包括任务的运行时间、内存使用情况、任务的 I/O 使用情况、带宽使用情况等。SP 主要有两个步骤，第一个步骤从历史数据中选择与提交任务相似的任务，第二个步骤依据相似任务的特性来预测提交任务的运行时间。

基于本书任务日志中没有描述具体任务内部代码的情况，本书进行任务运行时间预测的方式采用 SP。Foster 等人[113]利用任务的队列、提交时间、最大运行时间等任务属性来定义一个任务，拥有相同任务属性的任务被认为是相同的，然后利用历史数据中相同的任务来预测提交任务。Iverson等人[114]利用 K-近邻算法来分类任务的历史数据，然后根据提交任务所在的类来进行预测。Maciej 等人[115]利用 DAG 图来描述一个任务，其中节点表示任务 CPU 使用时间，边表示任务的通信开销，然后利用 DAG 来分类任务并进行预测。上述研究更多的是从整个历史数据来分类提交任务，但是最近的研究显示，利用用户行为来分类任务的历史数据，然后再从相应用户的历史数据中选择相似任务来预测运行时间可以取得更好的性能。Glasner[116]首先依据用户的行为对历史数据进行分类，然后在分类后的数据中根据用户的行为模式来寻找相似任务并对提交任务做出预测。Alcaraz[117]利用用户任务的请求运行时间，用户的行为等构建一个三元组 < A,B,C > 来描述提交任务，其中 A 代表任务，B 代表该任务的请求运行时间 JRR，C 代表系统给出的运行时间预测值。文献［118］也进行了相关的研究。

Feitelson 应用 EASY 回填[35]对任务的请求运行时间特征进行了相关的研究[43]，发现由用户给出的任务请求运行时间在以一个固定的因子超出实际运行时间时，回填策略的表现最佳。而 Chiang[41]针对任务的请求运行时间对任务调度性能的影响进行了分析研究，研究结果显示用户提交的任务中，给出的任务的请求运行时间越准确，任务的标准响应时间[36]就越小，调度策略的性能表现就越好；反之，调度策略的性能表现就越差。Dan[48][49]发现许多研究者随着对任务负载各种特征建模的深入，以及对任务的请求运行时间的研究，任务的请求运行时间已经成为任务负载的一个重要特征，任务的请求时间的准确与否很大程度地影响了调度策略的性能。因此，Dan针对不同用户的使用习惯，然后利用任务的请求运行时间进行了建模[48]。另外，Dan通过分析4个不同的计算系统上的日志文件[9]发现用户在提交任务的请求运行时间时存在固定的习惯，同时，用户为了避免任务被"杀死"，均趋向于提交更大的任务请求运行时间。在文献［50］中，Dan利用区间$[r, (f+1)r]$来表示任务的请求运行时间，其中r为任务的请求运行时间，$f \geqslant 0$。Dan发现，随着任务的请求运行时间大于任务的实际运行时间时，调度器的性能表现为先变好然后变坏，这解释了Feitelson发现的不精确的请求运行时间导致调度器的性能变好，同时也肯定了Chiang发现的精确的任务请求时间可以提高调度器的性能。而在文献［51］中，Dan利用文献［48］［49］中构建的任务请求时间的预测模型进行仿真。Dan将这种预测模型加入EASY回填调度策略中，称其为EASY +。仿真结果显示EASY +降低了任务的平均等待时间和标准响应时间[36]，同时增加了任务的请求运行时间的准确度。在文献［57］［58］中，Smith根据历史数据中拥有相似行为的任务来预测当前任务的运行时间，并取得良好的效果。

Tang等人[52]通过调查不准确预测模型对调度策略和不同队列优先调度策略的影响，找出调度策略中对不准确预测较敏感的部分，并利用这些调查结果和任务的历史日志设计并实现了几个动态可调节的任务运行时间预测模型，最后经过IBM的Blue Gene超级计算机测试，显示动态可调节的任务运行时间预测模型相对于其他预测模型可以提升20%的性能。Dan[53]提出对用户提交的任务进行不精确的预测，或者使用尽可能大的任务预测时间来预测任务运行时间将会严重影响调度器的性能。因此，Dan建议用文献［49］中提出的任务运行时间的预测模型进行任务运行时间的预测。Phinjaroenphan等人[54]基于网格节点上任务的历史日志数据，采用KNN算法对网格上运行的任务运行时间进行预测。Farruku[55]通过分析网格上任务流（work flow）的历史数据，构建了若干个具有代表性的任务流原型，并通过这些原型对具有相似性的任务流的运行时间进行在线预测。Tao[56]提出了一种多策略联合的任务运行时间在线预测模型。Tao提

出的任务模型可以在多种运行时间预测算法之间进行最优化的选择。文献
[89] [90] 对虚拟机运行时间的预测进行了研究。

2.2.2.3 相关技术和方法

1. 虚拟机在线迁移技术

虚拟化技术是在云计算之前就存在的一种技术[95]。早在 20 世纪 60
年代的 IBM 大型机系统中，就已经在使用虚拟化技术对计算资源进行管
理和分配。随着近些年网格系统、云计算系统的广泛部署，虚拟化技术在
商业应用上的优势逐渐体现，不仅降低了 IT 成本，而且还增强了系统安
全性和可靠性。目前主流的虚拟化技术有 Xen[92]、KVM[12] 以及
VMware[11] 等，本节主要以 Xen 为例来阐述虚拟机迁移技术的原理。

同时，对云数据中心的管理员来说，在不同的计算节点之间进行虚拟
机的迁移的管理工具是非常有用的。因为这种管理工具可以将硬件和软件
进行清晰的分离，从而易于资源的管理，简化错误的管理以及解决负载均
衡等问题。本节针对目前虚拟机在线迁移中比较流行的 3 种技术进行详细
的描述：虚拟机的在线预拷贝（Pre-Copy）迁移技术[91]、虚拟机的在线
延后拷贝（Post-Copy）迁移技术[93]，以及基于内存自适应压缩的在线虚
拟机迁移技术[94]。

（1）虚拟机在线预拷贝迁移技术。在 2003 年，来自剑桥大学的 Bar-
ham 等人[92]开发了虚拟化技术 Xen。Xen 是一种可以被编译进 Linux 内核
的虚拟化技术。而在 2005 年，同样来自剑桥大学的 Clark 等人[91]研究了
在虚拟化技术 Xen 上的虚拟机在线迁移的问题。

图 2 -1 和图 2 -2 是文献 [91] 中虚拟机在线迁移的整个过程和最
终的结果。依据图 2 -1 可以分析出在云数据中心中两个计算节点之间的
虚拟机迁移过程主要有以下几个阶段。

Stage 0：Pre-Migration 在计算节点 A 上开启一个虚拟机 VM，然后选
择合适的计算节点 B，计算节点 B 必须具有足够的 CPU、内存以及满足
VM 的通信带宽等资源，作为 VM 迁移的目标计算节点。

Stage 1：Reservation 依照 VM 请求的资源的大小，包括 CPU、内存及
通信带宽等（不同虚拟化技术需要的资源属性有所差异），在目标计算节
点 B 上初始化一个资源容器，这个资源容器的大小同 VM 资源请求量
相符。

Stage 2：Iterative Pre-copy 首先将所有 VM 引用的内存拷贝到目标计算

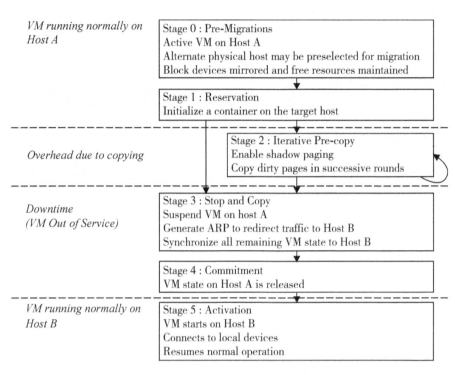

图 2 - 1 虚拟机在线迁移过程

节点 B，然后循环拷贝 VM 引用中出现的未拷贝页（Dirty Pages，未拷贝页是由于内存传输过程中计算节点 A 上的 VM 引用额外内存进行计算导致的），直到 VM 引用的内存页面完全拷贝到目标计算节点 B 为止。

Stage 3：Stop and Copy 停止计算节点 A 上 VM 的运行，并将 VM 的所有网络流量重定位到计算节点 B，然后将 CPU 的状态以及不一致的未拷贝页拷贝至计算节点 B，最后在计算节点 A 和计算节点 B 上可以获得两份一致的 VM 的拷贝；同时计算节点 A 上的 VM 的拷贝仍为主拷贝，主要为了防止计算节点 B 上的 VM 运行失败。

Stage 4：Commitment 如果计算节点 B 成功运行了虚拟机 VM，则计算节点 B 向 A 发送虚拟机运行成功的回馈消息；计算节点 A 将该消息作为虚拟机执行迁移成功的标识；最后计算节点 A 释放虚拟机 VM，而计算节点 B 将 VM 作为主拷贝。

Stage 5：Activation 计算节点 B 上的虚拟机 VM 开始运行，且 VM 开始关联必要局部设备，并获得原有 VM（计算节点 A 上的 VM）的 IP 地址。

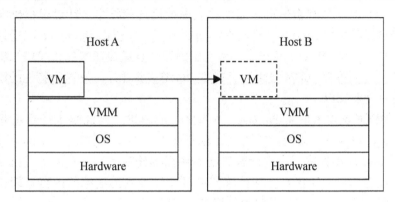

图 2 - 2　虚拟机在线迁移结果

以上的 6 个步骤可以保证虚拟机迁移过程中至少有一个 VM 的镜像具有完整的内存，从而易于进行错误恢复。

（2）虚拟机在线延后拷贝迁移技术。由于虚拟机在线预拷贝技术会重复拷贝虚拟机引用的内存，进而占用不必要的网络流量，并导致高的虚拟机迁移时延。因此，Hines 等人[93] 提出了虚拟机在线延后拷贝迁移技术。虚拟机的在线延后拷贝迁移技术主要有 3 个步骤：Preparation、Downtime 以及 Resume。依照 Hines 等人的划分，上一节对虚拟机在线预拷贝迁移技术的 Stage0 ～ Stage2 为 Preparation 阶段，Stage3 ～ Stage4 为 Downtime 阶段，而 Stage5 ～ Stage6 则为 Resume 阶段。则 Post-Copy 在这 3 个阶段的迁移内容如下：

Preparation：主要在计算节点 A 上初始化虚拟机 VM，然后寻找合适的计算节点 B，并在 B 上构建一个可以容纳 VM 的资源容器。

Downtime：停止 VM 在计算节点 A 上的运行，并将虚拟机 VM 的处理器状态传输到计算节点 B。

Resume：在计算节点 B 重启虚拟机 VM，在 VM 运行成功后，开始拷贝所有虚拟机引用的内存信息。

从图 2 - 3[93] 可以发现，Pre-Copy 同 Post-Copy 的最大不同点在于：Pre-Copy 在 Preparation 阶段就对虚拟机引用的内存进行迭代拷贝；而 Post-Copy 则是虚拟机在目标计算节点开始运行后开始进行拷贝，且只需要一次就可以将需要的内存页面拷贝过去，因此大大降低了 Pre-Copy 中由于迭代拷贝导致的高通信带宽，同时也缩短了整个虚拟机迁移的时间。

（3）基于内存自适应压缩的在线虚拟机迁移技术。针对虚拟机在线预拷贝迁移技术 Pre-Copy 阶段高的通信带宽、较长的 Downtime 和迁移时间等缺点，Jin 等人[94]提出了一种基于内存的自适应压缩的在线虚拟机迁移技术（简称 MECOM 技术），同时，Jin 等人提出了一种基于特性的压缩算法（简称 CBC）。

MECOM 技术是在 Pre-Copy 技术之上的改进，因此整个迁移过程同 Pre-Copy 技术是相同的。不同之处在于（参考图 2 - 1）：在 Stage2 阶段，利用 CBC 压缩技术对宿主计算节点 A 中需要传输的内存页面进行压缩处理，而在 Stage3 阶段对目标计算节点 B 中接收到的压缩的内存页面进行解压缩处理，以此来完成整个虚拟机的在线迁移。

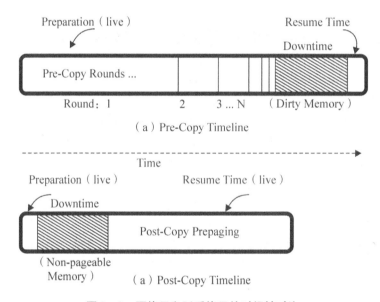

图 2 - 3 　预拷贝和延后拷贝的时间轴对比

2. 基于任务运行时间预测的回填调度

回填调度是在 FCFS（先进先出）基础上提出的一种调度策略，目的是更高效地利用计算资源。经典的回填调度有两种：一种是 EASY 回填调度[35]，另一种是 Conservative 回填调度[43]，同时，基于这两种调度也有很多优化的回填调度，例如选择性回填调度[45]、资源预留回填调度[43]以及多队列回填调度[46]等，都是这两种调度的改进和优化调度。本节主要介绍两种经典的回填调度：EASY 回填调度[35]和 Conservative 回填调度[43]。

（1）EASY 回填调度。在文献［35］中，Lifka 第一次提出 EASY 回填调度算法。本书利用回填调度算法对任务进行回填调度，进而提高数据中心的资源利用率。根据 EASY 算法的思想，本书针对任务的 EASY 算法的过程如下：

首先到达数据中心的任务发出构建请求，如果数据中心中资源充足，则建立，否则将任务加入等待队列；查看等待队列中第一个等待建立的任务，标记该任务开始的时间点为 ST（The Shadow Time），同时在 ST 时将可用节点数减去该任务需要的节点数为标记为 EN（The Extra Nodes）；最后对等待队列中后续等待建立的任务进行遍历，只要请求建立的任务需要的资源不超过当前可用资源同时任务完成时间不超过 ST，或者请求建立的任务需要的资源不超过 EN，那就建立该任务，直到遍历完成为止。整个过程的伪代码如图 2 - 4 所示。

（2）Conservative 回填调度。尽管 EASY 回填调度可以提高资源的利用率，但是 Feitelson[43]证明了 EASY 回填会导致等待队列中任务（除去第一个等待的任务）产生不确定的等待时间。因此，为了避免等待队列中任务产生不确定的等待时间，Feitelson 提出了 Conservative 回填来保证队列中等待任务的公平性。针对任务的 Conservative 回填调度的过程如下。

Conservative 回填调度的过程：首先到达数据中心的任务发出构建请求，如果数据中心中资源充足，则建立，否则将任务加入等待队列；查看等待队列中第一个等待建立的任务，并寻找该任务开始的时间点 ST，同时在 ST 时将可用节点数减去该任务需要的节点数标记为 EN；然后对等待队列中的等待任务按照先后顺序进行标记分别为 $\{1,2,\cdots,i,\cdots,n\}$，其中 n 表示等待队列中任务的个数同时也代表等待队列中最后一个任务的代号，然后从第 $i(i \geq 2)$ 个等待的任务开始遍历，如果 i 的资源请求不超过当前可用资源同时 i 完成时间不超过 ST，或者 i 需要的资源不超过 EN 和第 1 个到第 $i-1$ 个等待任务的开始时间，则建立该任务，直到遍历完成为止。

Input：Queued Jobs with nodes and time reqirments；Running Jobs with nodes and expected termination；Number of free nodes.

Output：

1. Find the shadow time and extra nodes

    a）Sort running Jobs according to expected termination.

    b）Find when enough nodes will be available for the first queued Job（The Shadow Time）

    c）If this Job does not need all the available nodes, the ones left over are the extra nodes.

2. Find a backfill Job

A. Loop on the list of the queued Jobs in order of arrival.

B. For each check whether either of these conditions holds：

    i. It requires no more than the currently free nodes, and will terminate by the shadow time,

    or

    ii. It requires no more than the minimum of the currently free nodes and the extra nodes.

C. The first such Job can be used for backfilling. If the Job is not the last one in the queued Jobs, then go back to step B.

图 2 - 4　EASY 回填调度

2.3　本章小结

　　本章介绍了任务建模及调度策略的相关研究综述。在任务建模的研究综述中，首先概述了本书的任务建模类型为分析性的，同时也说明该类任务模型产生的任务日志的4个优点，然后对任务建模的相关研究进行了调研。在任务建模的数学基础中介绍了后续任务建模章节中需要的分布函数生成方法，线性拟合以及 KSTest 和 ADTest 评测方法。在调度策略的研究综述中，首先描述了元调度概念，以及目前的 CMS 和 DMS 元调度、动态调度和静态调度；然后调研了针对能耗的虚拟机迁移调度和任务运行时间预测调度的相关工作；最后在调度策略的相关技术和方法中介绍了主流的虚拟机在线迁移技术、EASY 回填调度和 Conservative 回填调度。

3. 基于日志的任务建模

    计算系统的性能评估经常被用来衡量系统在设计和实现上的差异。多数人都期望通过性能评估的差异性来决定购买什么样的硬件设备，以及什么样的系统。尽管性能评估能在某种程度上反映系统的差异性，但是这种差异性也可能只是计算系统中某部分的性能表现。计算系统的性能并不仅仅依赖于它的设计和实现，同时也依赖于其上运行的任务负载。例如，在早期对网络性能的评估中，研究者倾向于采用泊松模型来模拟产生网络中有多个数据流汇集的网络流量。但是，Leland[131]通过大量对网络流量的观察和测量发现，由上述方式产生的网络流量与实际情况大不相同。相反，Leland通过分析这些观察和测量得到的数据构建了关于网络流量的自相似流量模型，该模型可以很好地模拟实际环境下的网络流量。对网络流量的模拟是简单的，因为网络流量中的数据包尺寸都是相同的，因此只需对数据包之间的时间间隔进行分析建模。但是当研究对象是完整的计算系统时，分析就会变得异常复杂[21]，例如一个计算程序在运行时可能会交错地请求一定的 CPU 时间、内存和 I/O 等资源。因此目前只能从不同的层面来对计算系统进行分析建模，例如通过对指令流的分析模拟来评估系统的处理单元、通过分析模拟任务的运行时间来评估系统的硬件设置，以及通过分析模拟任务的特性来评估计算系统等。

    而上述其中一个重要的研究领域就是对任务调度中产生的任务日志进行分析建模。由于相对小和相对复杂，这个领域也迅速成为研究热点。相对于网络流量中动辄千万计的数据包，任务日志中的任务负载数目大多为上万级别。这些任务负载包括很多任务属性：任务的并行尺寸、任务的运行时间、任务的请求运行时间，以及到达时间间隔。任务日志的复杂性不仅表现在这些单独的属性上，还表现在各个属性之间的关联性上。目前，在网站［9］提供了很多这样的任务日志以及相关的任务模型。研究者利用这些任务模型可以评测集群和网格计算系统中的调度策略，例如任务调度和资源调度等，但是相关的任务模型仍存在不足。另外，在云计算环境下，由于缺少云计算方面的任务日志，无法构建出合适的任务模型供云环境下的研究者使用，大多数研究者均采用单纯的数学模型或者已经存在的高性能系统下的任务模型进行资源调度策略的评测。针对这些问题，本章的主要贡献如下。

（1）通过调研现有任务模型中对日志分析和建模的方法，提出了一种针对任务日志进行分析建模的通用性框架。

（2）利用通用性框架中可塑性任务的分析方法，对实际环境下的虚拟机 CPU 使用率进行了分析，并构建基于虚拟机 CPU 使用率的任务模型。

（3）利用通用性框架中刚性任务的分析方法，对实际环境下采集的生物基因测序日志进行了分析，并构建基于生物基因测序日志的任务模型。

3.1 相关研究

Feitelson[28] 通过分析 NASA Ames iPSC/860 集群日志[9] 中的任务负载特征，发现该集群的任务到达时间间隔不但具有工作日周期性同时还具有节假日周期性。然后针对任务负载的 4 个不同特征进行建模：任务的并行尺寸、任务的运行时间、用户重复提交的任务数量以及任务的到达时间间隔[29]。Jann[32] 利用高阶欧拉分布[34] 模拟了任务的到达时间间隔；然后将任务尺寸进行分组，再对每一组内的任务总的 CPU 使用时间进行模拟（高阶欧拉分布），从而找出任务尺寸与任务运行时间之间的对应关系。Hui[103][104] 针对任务的到达时间间隔和任务的运行时间进行了更为复杂的任务建模，其中，针对任务到达时间间隔的模型可以用于预测实际环境下的任务的到达时间间隔，进而优化资源的调度。针对任务的到达时间规律存在大范围依赖和突发特性，Hui[102] 提出了一种多面小波模型（MWM）来模拟任务到达规律中的大范围依赖特性，但是并没有很好地模拟突发特性，因此 Minh[106] 针对突发特性提出了一种改进的 MWM 来更好地拟合任务到达时间规律上的突发特性。

Lublin[37]在分析了任务到达的工作日周期性后，将一天分为 48 个时间槽，每个时间槽（1800 s）根据其平均到达的任务数，获得正比于任务数的权重，然后采用伽马分布对任务的工作日周期性进行模拟；同时 Lublin 发现任务的并行尺寸与任务运行时间具有正比关系，且这两个任务特征的对数呈伽马分布。于是，Lublin 首先模拟出任务的并行尺寸，然后通过任务的并行尺寸模拟出任务运行时间。不同于 Lublin 的研究，本书在对生物基因测序日志的研究中除了考虑任务到达时间的工作日周期性，同时也考虑到任务到达时间的节假日周期性。

Downey[31]利用指数分布模拟任务的到达时间间隔；利用任务的并行尺寸的分布情况模拟出任务的加速比模型，然后利用任务的总运行时间（串行时间）和加速比模型模拟出任务的运行时间和任务的并行尺寸。Cirne[38]通过调查发现，使用 AppLeS 作为调度器的超级计算机可以大幅度地降低可塑性任务[42]的响应时间，因此 Cirne[38][40]对可塑性任务的响应时间进行了建模[36]。Cirne 的任务模型可以将刚性任务[42]转化为可塑性任务，其任务模型中的应用程序的并行性模型是以 Downey 模型中的并行性模型为原型构建的。Li[47]等人对任务负载的多种特征进行了分析建模，这些特征包括系统使用率、任务到达时间间隔、任务的失败率、任务的并行尺寸、任务的请求与实际运行时间、内存的平均使用量，以及用户与组之间的行为等。

在云计算方面，由于任务日志相对较少，因此并没有相关的基于日志的任务模型。但是在云计算的虚拟资源调度策略的研究中，有很多研究使用了集群环境的任务日志、任务模型或数学模型进行调度策略的性能评估。在文献［60］中，Calheiros 使用了由 Urdaneta 构建的基于维基网页的网页负载的任务模型[61]和由 Iosup 构建的基于科学运算负载的任务到达时间的模型[62]，对其提出的资源调度策略进行了性能评估。Toosi[64]利用 Lublin 任务模型评估了联合云环境下资源调度策略的性能。

3.2 存在的问题

针对相关工作的调研不难发现，相关研究中存在如下几个问题。

（1）使用的任务日志在格式上并未完全统一。例如，Feitelson 任务模型[28]、Lublin 任务模型和 Dan 任务模型使用的是标准化的任务日志；Downey 任务模型[31] 和 Jann 任务模型[33] 使用的是实际环境下采集的任务日志，并没有对其进行标准化处理。标准化的任务日志无法对云计算下日志进行完全描述，例如无法描述虚拟机 CPU 使用率。对同一种属性的分析方法不统一，例如 Feitelson 和 Lublin 在使用相同日志的情况下，采用对任务到达时间间隔的分析方法不相同。

（2）缺少对云计算环境下任务日志的分析和任务建模。

（3）对任务到达时间间隔的分析停留在工作日周期性上，但实际上任务的到达时间间隔也存在节假日特性。另外，缺少对任务队列的分析和建模。

 3.3　任务建模的通用性框架

利用任务建模的通用性框架可以快速地对云计算和高性能环境下采集的任务日志进行快速和有条理的分析，进而完成对各种各样任务日志的模型构建。文献［27］中的图 1.5 给出关于任务建模及性能评估的整个流程图：首先由计算系统的监控程序监控所有提交任务的运行过程，记录相应的任务属性，生成任务日志；然后对任务日志进行统计性分析，依据分析构建任务模型；最后利用任务模型对目标系统进行性能评估。本书依据该任务建模的思路，以及现有研究存在的问题［3.2 节问题（1）］，提出一种任务建模的通用性框架。通用性框架以最原始的日志文件为输入，将其转化为标准的任务格式；然后按照目标需要对任务日志中相应的任务属性进行分析，找出合适的概率分布拟合方法；接着依据相应的任务日志计算出拟合方法的各项参数值；最后合并各项任务属性的拟合方法为最终的任务模型，来产生与实际生产环境一致分布的任务日志。通用框架的描述如图 3-1 所示。下面通过描述任务日志的格式与分类、任务日志中任务属性的拟合方法、任务模型的合并和负载的产生来详细描述通用性框架，最后介绍通用性框架在本书中两类任务日志任务属性采用的分析方法。

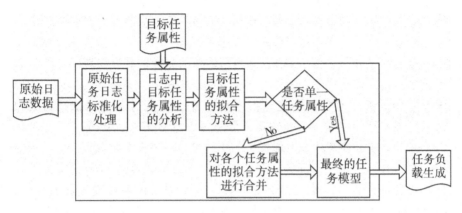

图 3 – 1　任务建模的通用性框架

3.3.1　任务日志的格式与分类描述

1. 任务日志的格式描述

不同的高性能计算系统获得的原始日志在格式上存在很大的差异，不利于研究分析。因此文献［36］中对传统高性能计算环境下的任务日志进行了标准的格式化定义，经过标准化的任务日志称为标准化任务负载（SWF）。定义 SWF 的目的是便于研究者更方便地使用任务日志和任务模型。SWF 格式文件的建立受以下两个原则的制约。

（1）文件要易于传输和解析：①每一种任务负载储存于一个 ASCII 文件中；②文件中的每一行代表一个任务；③行中包含许多数据域（fields），而大部分数据域表示的是整数，且数据域之间以空格分割，如果某一个数据域为 – 1，则表示该域对于任务是没有联系的；④SWF 格式中的注释行的注释前要用分号";"表示。

（2）任务模型和日志文件使用同一种格式，可能导致文件中某些区域是冗余的、不必要的。例如，日志不包括任务之间的反馈和依赖信息，却可能在任务模型中产生；然而，任务模型不包含任务在队列中的等待时间，但存在于任务日志中。

标准化定义的任务属性有 18 个，分别为：任务号、提交时间、等待时间、运行时间、并行尺寸（被分配的处理器数目）、平均使用 CPU 时间、使用的内存量（单位为 KB）、请求的处理器数目、请求的运行时间、请求的内存量、状态、用户号、组号、可执行号、队列号、分区号、上一个任务号、上一个任务到当前任务的思考时间。上述任务属性的具体含义可参考文献［36］。SWF 目前只适用于传统的高性能计算系统的任务日志的描述，并不完全适用于云计算环境下的虚拟机的任务特性的描述，例如虚拟机 CPU 使用率特性不能单独用 SWF 的并行尺寸来进行描述，因为SWF 中的并行尺寸是一个整数量，但是虚拟机 CPU 使用率是个动态变化的量，因此在云计算环境下虚拟机的并行尺寸应该是个实数量。为了保持SWF 对云计算下虚拟机任务属性的支持，本书将原有的 SWF 格式中的并行尺寸变为一个实数量，这样既保持了 SWF 对传统高性能日志的支持，同时也很好地完成了对云计算环境下虚拟机 CPU 使用率任务属性的支持。

2. 任务日志的分类

依据任务的内在结构来分，任务日志可分为串行、并行以及 Workflow 等类型的任务日志。而依据任务在 HRP 上被调度的方式，任务日志又可分为分时型（Time Shared，TS）和空间共享型（Spaced Shared，SS）。任务在 HRP 上的调度方式属于线程级别的调度，而本书研究的高性能、网格以及云计算（Cluster Grid Cloud，CGC）系统上的任务日志属于 MS 级别的调度，因此这种分类不适合后面相关章节的理解。基于此，本书采用文献［40］对任务的分类，将任务分为可塑性任务（Modable Job）和刚性任务（Rigid Job）。

要理解这两类任务，首先需要了解 Partition 的概念。在 CGC 中，MS 并不直接同处理器进行交互，而是同处理器上运行的 OS 进行交互。在MS 中维护着一张 Partitions 与处理器之间的关系对应表（该表可动态更新），而在 OS 中维护着一张处理器与 Partitions 的关系对应表。MS 依据队列中任务的属性将其分配给对应的 Partition，实际上就是分配给 Partition 对应的处理器。这时，存在以下两种情况。

（1）处理器采用 TS 的方式对任务进行调度。如果任务占有该处理器后，不允许其他任务再次占有该处理器，那么这类任务就是刚性任务（此时的 TS 处理器起的是 SS 的作用）；如果允许其他任务分享该处理器，那么该任务就是可塑性任务。

（2）处理器采用 SS 的方式对任务进行调度，那么该任务为刚性任务。因此，从资源的角度看，可塑性任务是非抢占型的，刚性任务是抢占型的。

3.3.2　任务日志中任务属性的拟合

从实际高性能环境和云计算环境下采集的任务日志往往具有多个任务属性，其中最重要的任务属性包括任务的提交时间、运行时间、并行尺寸、内存使用量、队列特性、用户特性等。任务日志中任务属性的拟合首先拟合单个任务属性的分布特性，然后通过日志寻找任务属性之间存在的内在联系，利用这种联系将各个任务属性的分布特性合理地整合在一起。下面主要介绍目前已经存在的通用拟合方法的任务属性的拟合过程[9]：任务的提交时间、并行尺寸、运行时间，以及任务的请求运行时间。

1. 任务的提交时间

任务的提交时间的密集程度反映当前系统的负载大小。任务的提交时间存在日周期特性：在凌晨任务的提交时间密集度逐渐降低，在上午任务的提交时间密集度逐渐升高，而在下午任务的提交时间密集度逐渐降低。利用这种特性，Maria 在文献［21］中利用一个一元八项式对任务的提交时间进行了拟合，如公式（3－1）所示，其中 $a_0 \sim a_8$ 为待求解系数，x 为对应的时间间隔，y 是在 x 时间间隔内到达的任务数目。根据所分析的日志不同，可以采用不同的项数对日周期特性进行拟合，因此公式（3－1）的通用格式可以表示为公式（3－2）。

$$a_8x^8 + a_7x^7 + a_6x^6 + a_5x^5 + a_4x^4 + a_3x^3 + a_2x^2 + a_1x + a_0 = y$$
$$(3 - 1)$$

$$a_nx^n + \cdots + a_1x + a_0 = y \qquad (3 - 2)$$

由于工作日同节假日的区别，提交时间的日周期性又可分为工作日周期特性和节假日周期特性[29]。而要拟合出任务的提交时间，就必须找出相邻两个任务提交时间之间的时间间隔服从的分布，然后通过合适的分布拟合出任务的提交时间。文献［22］［28］［29］指出单位时间内任务的到达数目服从泊松分布，如公式（3－3）所示，其中 X 表示是单位时间内到达的任务数目，k 为具体的取值，λ 为单位时间内平均到达的任务数。这意味着任务的到达时间间隔服从指数分布，如公式（2－1）所示。通过公式（3－2）可以获得单位时间内平均到达的任务数目 λ，然后利用公式（2-1）即可获得两个任务提交时间之间的时间间隔进而模拟出任务的提交时间。

$$P(X = k) = \frac{e^{-\lambda}\lambda^k}{k!} \qquad (3-3)$$

2. 任务的并行尺寸与任务的运行时间

由于传统高性能计算下的任务具有不同的并行尺寸，因此在对任务的运行时间的研究中通常需要针对不同并行尺寸的任务分析其运行时间的分布情况。文献［29］指出在传统高性能计算下任务的并行尺寸主要有以下两个特点。

（1）小的并行尺寸的任务数目远远多于大的并行尺寸的任务。

（2）大量存在以2的幂次方存在的并行尺寸。

因此，针对日志中任务的并行尺寸的分析主要从这两个方面进行研究拟合。由于日志中并行尺寸为1（串行任务）的任务占有非常大的比重，在实际的任务模型构建中常常需要单独对其进行拟合，例如文献［37］利用任务日志中串行任务所占的概率和一致性分布［公式(3-4)］来拟合日志中的串行任务和并行任务的概率分布。对任务的运行时间的分布，相关的研究并没有给一种通用的拟合方式，因为不同的任务日志使用的是不同的应用程序，因此任务运行时间的长短也不相同。目前针对任务运行时间的拟合主要包括：高阶指数分布[29]、高阶欧拉分布[32]和伽马分布[37]。由于伽马分布是指数分布和欧拉分布的一般形式，因此针对任务运行时间的分布可以用伽马分布来拟合，如公式（2-8）和（2-9）所示。

$$P(x) = \frac{1}{a + b}, (a, b \in R^+) \qquad (3-4)$$

由于不同的并行尺寸数目相对比较大，单独研究每一个并行尺寸内任务运行时间的分布情况会使得拟合的结果通用性较差。因此，针对任务并行尺寸和任务运行时间之间的关系的拟合方式为[32][37]：对任务的并行尺寸进行分区，然后分析每个并行尺寸区间内任务运行时间的分布情况，最后采用合适的分布（一般为伽马）进行拟合。

3. 任务的请求运行时间

不论是高性能计算环境还是云计算环境，任务的用户特性都是重要的任务属性。只有深入了解用户的使用习惯，才能更合理地进行任务调度，进而满足上层应用的需要，例如微博的个性化推荐、个性化搜索等。用户的请求运行时间反映的是用户的使用习惯，用户常常倾向于选择较大的请求运行时间来满足任务的实际运行时间，进而避免任务因为超时而被强制终止。针对用户请求运行时间的第一个拟合模型是由 Feitelson[43] 提出的 f-model。f-model 可以表示为 $[r, (1+f)r]$，其中 r 是任务的实际运行时间，f 是一个坏因子。当 $f=0$ 时表示用户的请求运行时间等于实际运行时间，而当 $f>0$ 时表示用户给出的请求运行时间大于实际运行时间。f-model 相对简单且易于实现，因此许多研究者用 f-model 来研究高性能环境下用户请求运行时间的不准确性。f-model 的缺点是依赖于实际运行时间，不能很好地反映用户的使用习惯。针对这一缺点，Dan[48] 提出了另一个反映用户使用习惯的用户请求运行时间的拟合模型：将任务日志中用户请求时间分为 K 个模式，每个模式用一个二元组 $\{(t_i, p_i)\}_{i=1}^{K}$ 来表示，其中 t_i 表示请求运行时间的数值，p_i 表示 t_i 所占总任务的百分比，其中 $\sum_{i=1}^{K} p_i =$ 100%。通过多份任务日志求出 K 的分布情况，以及其中每个请求运行时间所占的百分比，然后进行拟合。

4. 其他任务属性

其他的任务属性还包括任务的内存引用量、用户和队列等属性。文献 [47] 中对任务的内存量、用户和队列等特性进行了详细的分析，以及这些特性所存在的可能分布，但是没有给出通用的拟合方法。因此，对这些任务属性的拟合还没有一个系统的研究结果[9]。本书针对用户的队列属性进行了拟合，并寻求一种通用的拟合方法。同时，本书也针对云计算环境下虚拟机 CPU 使用率的任务特性进行了拟合，寻求一种通用的拟合方法来进一步完善任务建模的通用性框架。

3.3.3 任务模型的合并与任务负载的产生

如果研究和分析的任务属性是单一的，则不需要对其进行任务模型的合并。但是如果要研究和分析的任务属性有很多，就需要对所研究的任务属性的拟合方法进行整合，合并成一个完整的任务模型，以利于任务负载的生成。任务模型的合并并没有统一的和通用的方法，大多数的研究[29][33][37][43]都是利用任务属性之间的相互依赖关系进行的最终任务模型的合并。以前面章节中任务的提交时间、任务的并行尺寸、任务的运行时间，以及任务的请求运行时间为例来说明任务模型合并的过程：任务的提交时间就是任务的时间戳，标识着任务的唯一性，因此应该首先通过相应的拟合方法产生任务的提交时间；然后依据任务的并行尺寸的拟合方法选取任务的并行尺寸；接着利用并行尺寸与任务的运行时间之间的关系，拟合出任务的运行时间；最后通过任务的请求运行时间拟合方法产生该任务的请求运行时间来合成任务模型，通过任务模型即可产生任务负载。

如果要研究的单一的任务属性本身又可以分为多种特性进行拟合，那也需要对多个拟合方法进行合并，如下一节的虚拟机 CPU 使用率的任务建模。

3.3.4 通用性框架对可塑性和刚性任务日志的分析方法

文献［36］将计算系统的任务日志分为可塑性和刚性任务日志。针对这两种任务日志，本节利用通用性框架对可塑性任务日志和刚性任务日志的任务属性及任务队列特性的分析方法进行描述。

3.3.4.1 针对可塑性任务日志的任务属性分析

本节基于可塑性任务的任务建模主要针对任务的 CPU 变化情况（CPU 使用率）进行分析。任务的 CPU 使用率是任务实际使用的 CPU 计算量与被分配量之间的比值（本书中 CPU 使用率的单位为%），任务运行过程中 CPU 使用率会动态变化。本书可塑性日志任务建模的目的就是通过分析模拟出单个任务的 CPU 使用率。但是，在高性能计算和云计算环境下，系统上运行的任务成千上万，每个任务 CPU 使用率的变化情况不尽相同。因此，要想获得单个任务 CPU 使用率的分布情况，就必须获得任务 CPU 使用率的整体分布情况。

假设 x 表示单个任务 CPU 使用率，μ 表示单个任务 CPU 使用率的期望值［公式（3-6）］，δ 表示单个任务 CPU 使用率的标准方差，f 表示概率密度，s 表示按照任务 CPU 使用率分类后任务的 μ 的集合。本书的目的

在于模拟 x 的概率分布 [公式（3-5）]，进而产生 x。但是，由于计算系统中任务的大规模性，使得分析所有任务的概率分布变得异常困难，因此本书利用 μ 对所有任务进行分类，然后分析每一个分类集合 s 内 x 的概率分布 [公式（3-7）]。在公式（3-7）中被分类集合 s 的个数为 n，n 的大小取决于事先设定的 k，k 越小越能真实反映单个任务的概率分布，但是会降低任务模型的通用性和提高分析的复杂度。最后由于采用了 μ 进行分类，因此需要分析日志中 μ 的概率分布情况 [公式（3-8）]。

$$P(X = x) = f(x),(\mu = E(x),\delta = D(x)) \tag{3-5}$$

$$\mu = \int_a^b x\mathrm{d}x,(0 \leqslant a \leqslant x \leqslant b \leqslant 100) \tag{3-6}$$

$$P(X = x),f(x),(E(x) = \mu,\mu \in s,s \subset \bigcup_{i=0}^{n-1} s_i)$$
$$s_i = \{\mu_{ik},\cdots,\mu_{ik+k-1}\},n = (b-a+1)/k,a \leqslant k \leqslant b \tag{3-7}$$

$$P(\mu = \mu_j) = f(\mu_j),(0 \leqslant a \leqslant \mu_j \leqslant b \leqslant 100,\mu_j = j) \tag{3-8}$$

3.3.4.2　针对刚性任务日志的任务属性分析

刚性任务日志中包含有很多任务属性。本节主要针对本书研究中涉及的任务属性的分析方法进行探讨，主要包括任务的到达时间规律特性、任务的队列特性、任务的运行时间和任务的并行尺寸之间关系的分析方法。

1. 任务到达时间的规律性分析方法

文献 [33] [37] [121] 指出，高性能计算日志在任务到达时间上存在工作日周期特性和节假日周期特性。因此本书整理任务到达时间的规律性分析方法为：首先将工作日中一天分成 N 个时间槽，时间槽 $i(i \in [1, N])$ 记为 x_i，第 i 个时间槽在第 j 天到达的任务数目记录为 x_{ij}，则 x_i 的期望值可表达为公式（3-9），其中 m 表示工作日的总天数。同时也将节假日中一天分成 N 个时间槽，其中时间槽 i 记为 y_i，第 i 个时间槽在第 j 天到达的任务数目记录为 y_{ij}，则 y_i 的期望值可表达为公式（3-10），其中 n 表示节假日的总天数。通过找出公式（3-9）和公式（3-10）中的随机变量 $\overline{x_i}$ 和 $\overline{y_i}$ 在 N 个时间槽内的分布状况即可找出任务日志的工作日周期特性和节假日周期特性。

$$\overline{x_i} = \frac{1}{m}\sum_{j=1}^m x_{ij} \tag{3-9}$$

$$\bar{y}_i = \frac{1}{n}\sum_{j=1}^{n} y_{ij} \qquad\qquad (3-10)$$

2. 任务队列特性的分析方法

传统高性能计算系统由于规模相对较小，大多采用单队列模型进行数据的处理与计算，因此相关的研究比较匮乏。考虑在实际环境下，合理地分配计算资源到不同队列可以提高高性能计算系统的利用率，本书对队列特性的分析主要集中在不同队列日任务到达数目的规律特性上。在研究队列使用习惯上本书给出两个定义：队列的使用率和队列的日任务到达数目。利用这两个定义可以更好地分析日志中队列的分布特性。

定义 3-1 队列的使用率是队列有任务到达的天数比总天数。

定义 3-2 队列的日任务到达数目是队列有任务到达天数中，每天到达的任务数目。

因此，本书针对日志中任务队列特性的分析方法为：首先分析队列的使用率的规律特性；然后分析不同队列使用率的日任务到达数目服从的规律特性；最后利用这两个特性来模拟产生实际环境中任务所在的队列号。

3. 任务的并行尺寸与运行时间之间关系的分析方法

文献 [27] [28] [33] [37] 研究指出，高性能计算日志中任务的并行尺寸与任务的运行时间之间存在相关性。为了方便对任务的并行尺寸和任务的运行时间之间关系的描述，本书用符号 P 表示任务的并行尺寸，而用符号 R 表示任务的运行时间。因此本书针对这两种任务属性的规律性分析方法为：首先分析日志中 P 的概率分布，寻找合适的概率分布函数进行拟合；然后分析不同 P 对应的所有 R 的概率分布，并寻找合适的分布进行拟合；最后分析 P 与 R 之间的关系，采用合适的分布函数来拟合这两个属性之间的关系。

 3.4　可塑性任务建模实例

在云计算环境下采集的日志文件，主要用于被采集的云计算系统的性能评测，以及其上虚拟资源调度策略的评价。但是采集的日志文件无法用于不同规模的云计算系统的性能评测和其上虚拟资源迁移策略的评测，因此需要再次采集相应规模的云计算系统的日志来进行系统的性能评测。但是对云计算系统的日志采集往往涉及企业安全和隐私，因此采集过程并不容易。本书针对实际环境下采集的可塑性虚拟机 CPU 使用率的任务日志构建出一种适合云计算下基于能耗的虚拟机迁移策略研究的任务模型。以下利用 3.3 节任务建模的通用框架对虚拟机 CPU 使用率的任务属性进行分析。

3.4.1 虚拟机 CPU 使用率的任务特性分析

一台虚拟机在开始运行时会被分配固定 CPU 使用量（单位为 MIPs），由于其上运行任务负载动态变化的关系，往往无法全额占用该固定的 CPU 使用量。假设虚拟机被分配的 CPU 使用量为 100 MIPs，实际使用的只有 50 MIPs，那么这台虚拟机的 CPU 使用率为 50%。

本书使用的是 Beloglazov[88] 利用 PlanetLab 的检测工具 CoMon[96] 测得的云数据中心近千台虚拟机十天的 CPU 使用率的任务日志。日志总共有10 个目录，每个目录包含的文件个数代表一天内数据中心运行的虚拟机的数量；每个文件代表一台虚拟机在一天内的 CPU 使用率的数据记录，有 288 个数据记录，每个数据记录之间的采样间隔为 300 秒。本书将每个文件转化成一个 SWF 格式的任务记录，其中并行尺寸用一个长度为 288的实数数组来表示。表 3 - 1[88] 简单地分析了该任务日志在十天内记录的虚拟机的具体数量，以及虚拟机在每天内 CPU 使用率的期望值和标准差。

表 3 - 1　任务日志中虚拟机 CPU 使用率的期望值和标准差分布情况

日期	数目	期望值（%）	标准差（%）
03/03/2011	1052	12.31	17.09
06/03/2011	898	11.44	16.83
09/03/2011	1061	10.70	15.57
22/03/2011	1516	9.26	12.78
25/03/2011	1078	10.56	14.14

续表 3 - 1

日期	数目	期望值（%）	标准差（%）
03/04/2011	1463	12. 39	16. 55
09/04/2011	1358	11. 12	15. 09
11/04/2011	1233	11. 56	15. 07
12/04/2011	1054	11. 54	15. 15
20/04/2011	1033	10. 43	15. 21

3.4.1.1　虚拟机 CPU 使用率的分布情况

由于日志中单台虚拟机 CPU 使用率的期望值 μ 没有出现 0 和 100，因此公式（3 - 7）中 a 和 b 的取值分别为 1 和 99。为了权衡任务模型的通用性和日志分析的复杂度，本书使用 $k = 5$ 对 μ 的区间 [1，99] 进行划分，将区间划分为 20 个等长连续的区间，标记为 S0 ～ S19。然后将日志中所有虚拟机按照这 20 个区间进行划分，并计算每个区间内所有虚拟机 CPU 使用率的概率密度分布，可得图 3 - 2。图 3 - 2 显示的是 S0 ～ S19 类型虚拟机 CPU 使用率的分布情况。由概率论知识和图 3 - 2 中概率密度的分布特性可得，单台虚拟机的 CPU 使用率的分布情况近似服从正态分布。由于单台虚拟机的分布情况反映的是虚拟机 CPU 使用率的局部分布特性，本书将这种特性称为虚拟机 CPU 使用率的局部特性。

3.4.1.2　虚拟机 CPU 使用率期望值的分布情况

分析日志中所有虚拟机 CPU 使用率的期望值概率密度分布可得图 3 - 3 [公式（3 - 8）]。由概率论知识和图 3 - 3 中概率密度的分布特性可得，虚拟机 CPU 使用率的期望值近似指数分布。由于虚拟机 CPU 使用率期望值的分布情况描述的是所有虚拟机 CPU 使用率整体分布情况，所以本书将这种特性称为虚拟机 CPU 使用率的全局特性。

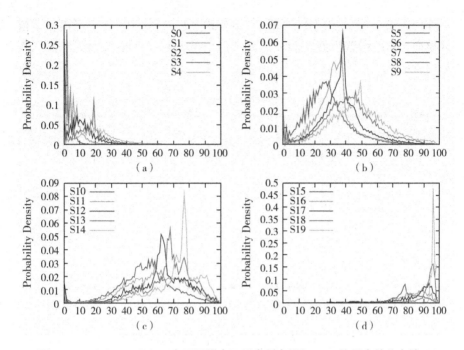

图 3-2 (a) ～ (b) 4 个子图代表不同类型虚拟机 CPU 使用率的分布情况

3.4.2 虚拟机 CPU 使用率的任务建模（VMModel）

针对上节分析的虚拟机 CPU 使用率的全局特性和局部特性，本节分别构建了全局模型和局部模型，最后依据通用性框架将两种模型进行融合，形成最终的任务模型。

3.4.2.1 全局模型

由 3.3 节的分析可知，任务日志中虚拟机 CPU 使用率的期望值服从指数分布，可以利用指数分布、高阶指数分布（本书使用二阶）、伽马分布以及韦伯分布进行拟合获取。假设用 x 表示虚拟机 CPU 的使用率，μ 表示 CPU 使用率的期望值，则利用 2. 中关于分布函数的数据生成方法可得公式（3-11）。其中高阶指数分布 $pE(\theta_1) + (1 - p)E(\theta_2)$ 中利用 $E(\theta_1)$ 拟合的是虚拟机 CPU 使用率期望值分布中前 20 个样本点，即虚拟机 CPU 使用率期望值大于 0 小于 20 的范围内（由于这个范围内的样本点的概率密度均大于 0.01，如图 3-3 所示）。公式（3-11）中 4 种全局模型（指数模型、高阶指数模型、伽马模型及韦伯模型）中各个参数的取值如表 3-2 所示。

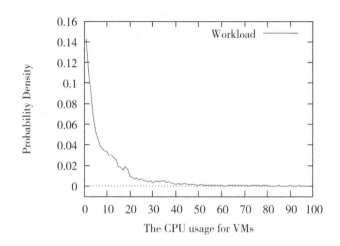

图 3-3　虚拟机 CPU 使用率的期望分布情况

$$\mu \sim \begin{cases} E(\theta) \\ pE(\theta_1) + (1-p)E(\theta_2) \\ \Gamma(\alpha_1, \beta_1) \\ W(\alpha_2, \beta_2) \end{cases} \qquad (3-11)$$

表 3-2　4 种全局模型的参数取值

全局模型	参数取值
指数模型	$\theta = 10.62\%$
高阶指数模型	$\theta_1 = 6.602\%$，$p = 0.864$，$\theta_2 = 36.324\%$
伽马模型	$\alpha_1 = 0.5637$，$\beta_2 = 19.7272$
韦伯模型	$\alpha_1 = 0.6841$，$\beta_2 = 8.6858$

3.4.2.2　局部模型

由 3.3 节分析可知，任务日志中单台虚拟机 CPU 使用率的分布服从正态分布，如公式（3-12）所示。通过全局模型可以获得虚拟机 CPU 使用率的期望值 μ，如果要获得最终的虚拟机 CPU 使用率 x，就需要知道公式（3-12）中的标准差 δ。通过分析原日志文件可得虚拟机 CPU 使用率 μ 和 δ 之间的非线性关系，如图 3-4 所示。而标准差 δ 可通过以下两种方法获得。

（1）记录每台虚拟机 CPU 使用率期望值对应的标准差。

（2）利用线性拟合（非线性关系）拟合期望值与标准差之间的关系。第一种方法可以很好地拟合原日志文件，但是会耗费很多不必要的存储，同时也不具有建模的一般性；第二种方法可以很好地描述 CPU 使用率期望值与标准差之间的关系，且具有一般性。因此本书采用第二种方法来求取单台虚拟机 CPU 使用率的标准差。

本书采用一个四次多项式［如公式（3-13）所示］来拟合虚拟机 CPU 使用率的期望值与虚拟机 CPU 使用率方差之间的线性关系。那么利用 2. 中线性拟合的方法可求出虚拟机 CPU 使用率的期望值同虚拟机 CPU 使用率方差之间的线性拟合关系。则可求得公式（3-13）中各个系数的取值为：$a = 4.9\mathrm{E}-07$，$b = 7.42\mathrm{E}-05$，$c = -8.62\mathrm{E}-03$，$d = 0.5621$，$e = 3.9267$。

$$x \sim N(\mu, \delta) \qquad (3-12)$$
$$ax^4 + bx^3 + cx^2 + dx + e = y \qquad (3-13)$$

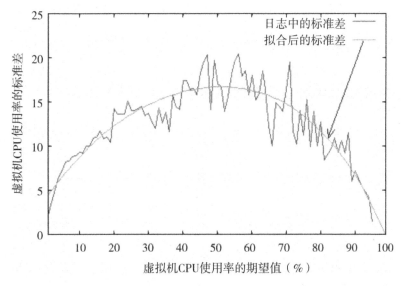

图 3-4　虚拟机 CPU 使用率的日志中的标准差与拟合后的标准差对比

3.4.2.3 全局模型和局部模型的合并

图 3 - 5 描述的是虚拟机 CPU 使用率的产生流程图：首先通过全局模型产生虚拟机 CPU 使用率的期望值，即产生 1 到 99 之间的随机数；然后将此期望值作为线性拟合的输入，产生虚拟机 CPU 使用率的标准差；最后，将虚拟机 CPU 使用率的期望值和虚拟机 CPU 使用率的标准差作为局部模型的输入产生一个服从该期望值和标准差的虚拟机 CPU 使用率的正态分布。

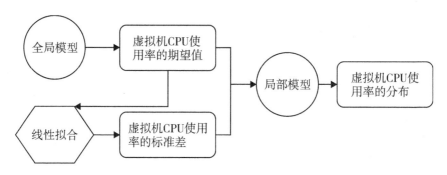

图 3 - 5　虚拟机 CPU 使用率的产生流程

在图 3 - 6 虚拟机 CPU 使用率产生的伪代码中，全局模型控制着虚拟机 CPU 使用率期望值的分布情况，局部模型控制着单台虚拟机 CPU 使用率的分布情况。MAX_VMS 代表能够产生的最大虚拟机台数，单台虚拟机需要 VM_SIZE 个虚拟机 CPU 使用率，用 Distribution 代替全局模型，利用 Gaussian 代表局部模型，$y = f(x)$ 代表图 3 - 5 中的线性拟合关系。为了便于引用，将虚拟机 CPU 使用率的任务模型简记为 VMModel。

定义：Map < Integer,List < Double > > map 用于存储最终结果，map 的键值代表第
　　　几台虚拟机，map 的取值是一个列表代表虚拟机 CPU 使用率的取值情况；
　　　num 用于记录产生的虚拟机台数；record 用于记录产生的虚拟机 CPU 使用率
　　　个数；List < Double > list 用于暂时存储生成的虚拟机 CPU 使用率。
输入：MAX_VMS；VM_SIZE；Distribution；Gaussian；y = f(x).
输出：map.
代码：while num ＜ MAX_VMS
　　　| do mean ＝ Distribution. sample( );//获取全局分布的一个样本点.
　　　| | stdDev ＝ f(mean);//利用线性拟合获取虚拟机 CPU 使用率的标准差.
　　　| | Gaussian(mean,stdDev);//利用 mean 和 stdDev 初始化局部模型.
　　　| | record ＝ 0; list ＝ null;
　　　| | while record ＜ VM_SIZE
　　　| | | do sample ＝ Gaussian. sample( );//获取正态分布的一个样本点；
　　　| | | | list. add(sample);
　　　| | | | record + + ;
　　　| | map. put(num,list); num + + ;
　　　return map;

图 3 - 6　产生虚拟机 CPU 使用率的伪代码

3.5　刚性任务建模实例

　　基因测序技术的迅猛发展，推动着个性化医疗研究进程，同时以数据
为驱动的生物信息学研究正引导新一代生命科学技术变革。当数据的规模
不断增长时，会对用于数据处理的高性能计算要求越来越高，需要计算系
统能够在有限的计算资源下，高效地分配资源来提高基因测序的速度，进
而通过基因测序技术快速地进行各种疾病的检测。而云计算的大规模性则
为基因测序产生的大数据提供了比以往高性能环境更合适的数据传输和处
理平台。本书旨在分析实际环境下的生物基因测序日志的重要任务特性，
然后构建合适的任务模型，为后续章节虚拟机调度策略提供合理的算法性

能评估模型，进而促进生物基因测序技术与云计算技术更快速有机地融合。

本书采用任务建模的通用性框架，利用通用性框架对刚性任务日志的任务属性的分析方法，首先分析生物基因测序日志中重要的任务特性，寻找出基因测序日志中这些任务特性存在的规律性，然后对这些规律性进行概率分布的拟合，进而构建任务模型，最终利用任务模型产生符合实际基因测序环境的任务负载。

3.5.1 生物基因测序日志的任务特性分析

本书使用的任务日志是由深圳华大基因[4]提供的生物基因测序日志，该任务日志是在 SGE 集群管理系统上产生的。日志的时间跨度为 2011 年 12 月到 2012 年 7 月，共有 5497035 条任务记录。日志中记录的任务属性共有 45 个[5]。为了更方便地对该日志进行分析和模型构建，本书提取了这 45 个任务属性中的主要任务特性，生成高性能系统环境下的标准化日志格式 SWF。生成的 SWF 格式的日志主要包括任务的到达时间、任务的并行尺寸、任务的运行时间，以及任务所在的队列特性。通过分析任务的到达时间可以了解集群系统的负载的变化情况；通过分析任务所在队列的使用习惯可以更好地优化集群系统对各个队列的资源配置；通过分析任务的并行尺寸和任务的运行时间可以很好地了解集群中运行任务的特性，进而优化任务的调度。因此，本书对生物基因测序日志的分析主要包括以下 3 个方面。

（1）任务到达时间的规律性。

（2）任务的队列使用习惯。

（3）任务的并行尺寸与任务的运行时间之间的关系。

3.5.1.1 任务到达时间的规律性分析

依据通用性框架中对任务到达时间规律性的分析方法，可得日志中每个时间槽内任务到达数目的期望值 $\bar{x}_1$ 和 $\bar{y}_1$ 的分布情况，如图 3-7 所示。由图中可得任务所在的时间槽同任务到达数目的期望值存在一种非线性关系。同时，由对日志的分析不难发现每个时间槽每天到达的任务数目不尽相同，因此需要找出每个时间槽内每天到达的任务数目的分布情况（即

找出随机变量 x_i 和 y_i 的分布情况），才能构建合适的任务到达时间规律性的模型。下面对每个时间槽每天到达任务数目的分布情况进行分析。

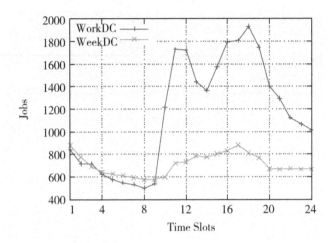

图 3-7 任务日志的工作日周期性（WorkDC）和节假日周期性（WeekDC）

首先，为了权衡复杂性和样本点数之间的关系，时间槽的取值设置为 24。通过记录工作日和节假日中 24 个时间槽每天到达的任务数目，可以计算出每个时间槽任务到达数目的概率密度，如图 3-8 和图 3-9 所示。由概率论知识和图 3-8 中的概率密度分布可得工作日中每个时间槽内任务到达数目的分布规律：时间槽 1～9 内趋向于指数分布，而时间槽 10～24 内趋向于伽马分布。由概率论知识和图 3-9 中概率密度分布可得节假日中每个时间槽内任务到达数目的分布规律：时间槽 1～24 内均趋向于指数分布。

通过以上对任务到达时间的规律性分析，工作日和节假日中的时间槽与槽内到达任务数目的期望值呈一种非线性关系；在工作日中，时间槽 1～9 内到达的任务数目趋向于指数分布，时间槽 10～24 内到达的任务数目则趋向于伽马分布；节假日中每个时间槽内到达的任务数目均趋向于指数分布。

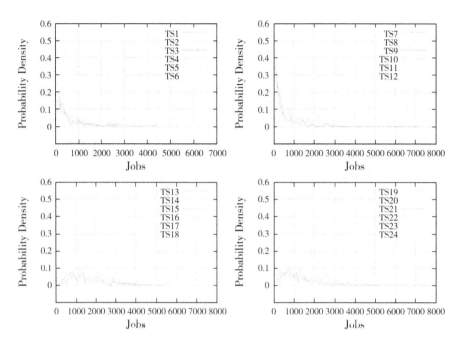

图3-8 工作日中24个时间槽每天到达任务数目的概率密度分布

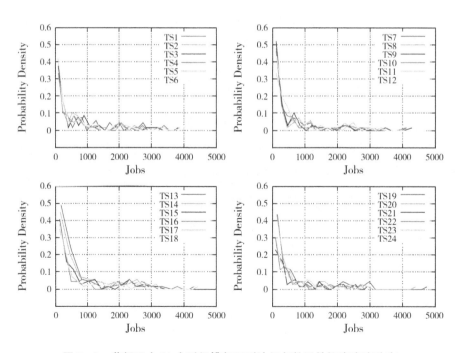

图3-9 节假日中24个时间槽每天到达任务数目的概率密度分布

3.5.1.2 任务的队列使用习惯分析

对日志中队列日任务到达数目的分析可发现队列的日任务到达数目从一到数万个不等。因此单纯地分析队列的使用率分布，然后再来考虑队列的日任务到达数目的分布情况，会使得最终的分布曲线非常难拟合。因此需要利用队列的其他特性对队列进行分类，本书采用队列的日任务到达数目的期望值对队列进行分类，进而分析队列使用率的分布情况。将期望值在$[1, 100)$之间的队列记为 LOW；期望值在$[100, 1000)$之间的记为 MIDDLE；期望值在$[1000, 5000)$之间的记为 SUBHIGH；而期望值在$[5000, +\infty)$之间的记为 HIGH。因此，依据通用性框架中队列特性的分析方法，本节针对生物基因测序日志中任务队列特性的分析方法为：首先分析不同队列期望区间内队列的使用率的规律特性；然后分析不同队列期望区间内不同队列使用率的日任务到达数目服从的规律特性。

（1）不同队列期望区间内队列的使用率的规律特性。分析日志可得 4 种不同的队列期望区间队列使用率的分布情况，如图 3–10 所示。由概率

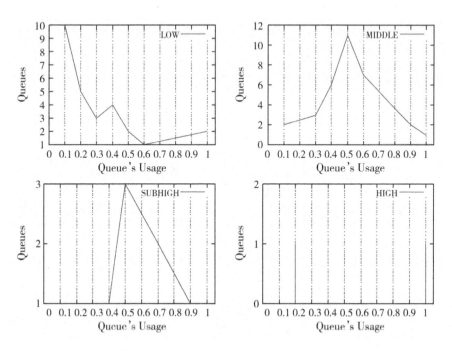

图 3–10　在 4 种不同队列的日任务到达期望值下队列使用率的分布情况

论知识和图 3－10 中队列的概率密度分布可知在 LOW 区间内，队列的使用率趋向于指数分布；在 MIDDLE 区间内，队列的使用率趋向于正态分布；在 SUBHIGH 区间内，队列的使用率趋向于伽马分布；在 HIGH 区间内队列的使用率只出现了 0.2 和 1.0。

（2）不同队列期望区间内不同队列使用率的日任务到达数目服从的规律特性。为了简化队列特性的描述，本书用 U_i 表示第 i 个队列的使用率，用 M_i 表示第 i 个队列日任务到达的数目，用 $\overline{M_i}$ 表示第 i 个队列日任务到达数目的期望值。图 3－10 主要分析了在不同的 $\overline{M_i}$ 取值范围（LOW，MIDDLE，SUBHIGH，HIGH）内 U_i 的概率密度分布。下面需要分析在不同的 $\overline{M_i}$ 取值范围和不同的 U_i 下，M_i 的分布情况以及在不同的 $\overline{M_i}$ 取值范围下 U_i 与 $\overline{M_i}$ 之间的关系，进而找出不同队列的期望区间内队列的使用率和队列的日志任务到达数目的概率密度分布情况。首先分析在不同的 $\overline{M_i}$ 取值范围内及不同的 U_i 下 M_i 的概率密度分布可得图 3－11，由概率论知识和图 3－11 中的概率密度分布，可得在不同的 $\overline{M_i}$ 取值范围

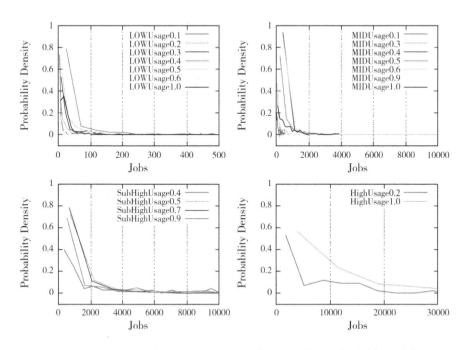

图 3－11　不同队列期望区间及队列使用率下队列的日任务到达数目分布

内及不同的 U_i 下 M_i 趋向于指数分布。然后分析在不同的 $\overline{M}_i$ 取值范围内 U_i 与 $\overline{M}_i$ 之间的关系可得图 3-12，由概率论知识和图 3-12 中概率密度分布，可得在区间 LOW、MIDDLE、SUBHIGH 内队列的 U_i 与 $\overline{M}_i$ 之间存在非线性关系，而在区间 HIGH 内，U_i 的取值只有 0.2 和 1.0，分别对应一个唯一的 $\overline{M}_i$。

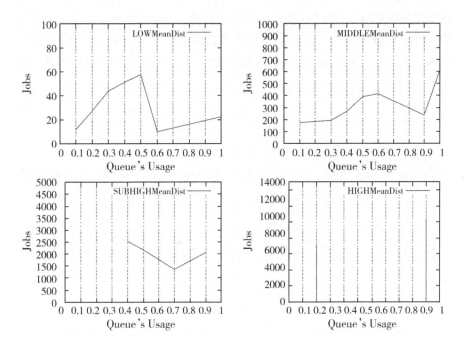

图 3-12　不同队列期望区间下队列的使用率与队列日任务到达期望的关系

3.5.1.3　任务的并行尺寸与任务的运行时间之间的关系

依据通用性框架对任务并行尺寸与任务的运行时间之间关系的分析方法易得，在标准化的日志中，$P=1$ 的任务占据 79.6%，而 $P \geqslant 2$ 的任务占据 20.4%。受 $P=1$ 时任务数目的影响，从整体上拟合 P 的分布情况将会变的异常困难，因此本书使用一个一致性概率分布函数来拟合 $P=1$ 的概率密度。下面主要分析 $P \geqslant 2$ 时 P 的分布情况；以及 P 与 R 之间的关系。

（1）$P \geqslant 2$ 时 P 的分布情况。分析日志文件中 $P \geqslant 2$ 时 P 的分布情况

易得图 3 - 13，图中 PE 后面的数字和数字下标表示 P 的取值范围，由概率论知识和图 3 - 13（a）概率密度分布，可得 P 的分布趋向于长尾分布[23]。随着 P 的增大，P 的概率密度急剧下降，最大取值超过了 700。长尾分布的数据生成可以通过 matlab 的 gprnd 函数[13]产生服从长尾分布的数据，但是拟合的效果较差。因此本书通过将 $P \geqslant 2$ 时的分布进行分段分析，然后寻找出每一段的分布情况。考虑到 $P \geqslant 2$ 时 P 的概率密度分布情况以及下面对 P 的分段情况，将其分成两部分：$2 \leqslant P \leqslant 16$ 时和 $17 \leqslant P \leqslant 745$ 时 P 的分布情况。由概率论知识和图 3 - 13（b）中并行尺寸的概率密度分布可知，两个区间内 P 的概率密度分布趋向于指数分布或者伽马分布。

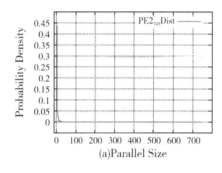 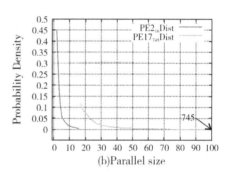

图 3 - 13　任务的并行尺寸大于 2 时的分布情况

（2）P 与 R 之间的关系。日志中显示当 $P > 13$ 时，P 对应的任务数目急剧下降，很难整体拟合 P 与 R 之间的关系。因此本书选取一个任务数目的阈值（10000）对 P 进行划分。当 P 对应的任务数目小于这个阈值时，则加上下一个 P 对应的任务数，直到任务数超过这个阈值为止，然后将这些 P 的取值范围标记为一个区间。对划分后的区间分析相应任务运行时间的概率密度分布可得图 3 - 14，其中横坐标采用的是对数坐标。由概率论知识和图 3 - 14 中关于不同 P 下 R 的概率密度分布可得，P 和 R 之间的关系是长尾分布[23]。由于 P 在 $P = 1$、$2 \leqslant P \leqslant 16$ 和 $17 \leqslant P \leqslant 745$ 时任务所占比重的巨大差异性，因此本书对 P 和 R 之间的关系进行分段，可得 P 在 $P = 1$、$2 \leqslant P \leqslant 16$ 和 $17 \leqslant P \leqslant 745$ 时 P 和 R 之间均趋向于长尾分布。

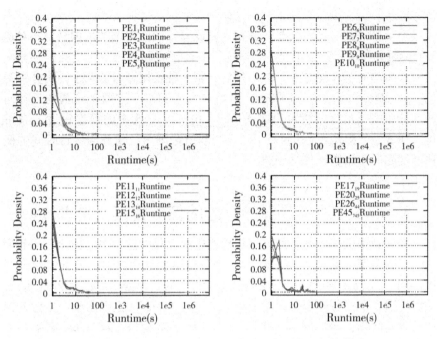

图 3-14 任务的并行尺寸与任务的运行时间之间的关系

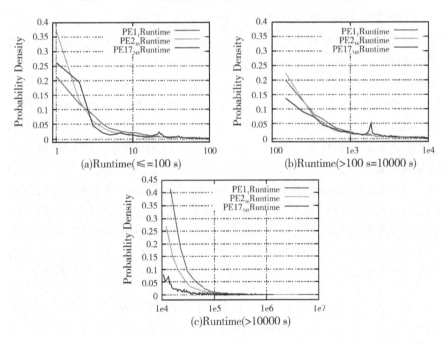

图 3-15 3 个分段的任务的运行时间在 3 种并行尺寸下的任务的运行时间分布情况

由于单独拟合长尾分布存在很大的误差，因此本书利用伽马分布对这
3 个长尾分布进行分段拟合。为避免任务运行时间的概率密度在同一分段
内的分布趋向于长尾分布，本书设定分割 3 种长尾分布的两个阈值分别为
$R_{low\_th} = 100s$ 和 $R_{mid\_th} = 10000s$，然后对大于和小于这两个阈值的运行时
间的分布情况进行分析可得图 3 - 15。由图 3 - 15 中的概率密度分布可
得，在 R_{low_th} 及 R_{mid_th} 的限制下的 3 个取值范围内，任务的运行时间的概
率密度趋向于指数或伽马分布。

3.5.2　生物基因测序日志的任务建模（BGIModel）

本节利用上一节分析的结果构建相应的任务模型，主要包括：任务到
达时间的模型（简记为 DCModel）、任务的队列使用习惯的模型（简记为
QModel），以及任务的并行尺寸与任务运行时间的模型（简记为 PRModel），
最后将这 3 个任务模型合并成最终的模型。DCModel 主要用于产生任务到
达的时间间隔；QModel 主要用于产生任务的队列号；PRModel 则主要用
于产生任务的并行尺寸和任务的运行时间长度。

3.5.2.1　任务到达时间的模型

本节使用的符号变量有 x_i，y_i，$\bar{x}_i$ 和 $\bar{y}_i$。$\bar{x}_i$ 和 $\bar{y}_i$ 的具体含义参考上一
节对任务到达时间规律性分析；而 x_i 和 y_i 分别代表第 i 个时间槽在工作
日和节假日每天到达的任务数；t_i 表示第 i 个时间槽任务到达的时间间
隔；α_i 和 β_i 表示工作日中服从伽马分布的第 i 个时间槽的两个参数；
$WorkDC$ 表示工作日周期性，$WeekDC$ 表示节假日周期性，DCModel 主要用
于产生任务到达的时间间隔 t_i。上一节关于任务到达时间的规律性的分析
结果可以表述为公式（3 - 14）和公式（3 - 15）。通过公式（3 - 14）和
（3 - 15）可以产生服从指数分布和伽马分布的每个时间槽内到达的工作
日和节假日的任务数量 x_i 和 y_i。而由文献［37］和概率论的知识可知，
集群中任务到达的时间间隔服从指数分布，又知本书中每个时间槽的时间
长度均为 3600 s，因此可得公式（3 - 16）。通过公式（3 - 16）可以产生
工作日和节假日的任务到达时间间隔，即可完成 DCModel 的模型构建。

$$WorkDC \Rightarrow \begin{cases} x_i \sim E(\bar{x}_i) & 1 \leq i \leq 9 \\ x_i \sim \Gamma(\alpha_i, \beta_i) & 10 \leq i \leq 24 \end{cases} \qquad (3-14)$$

$$WeekDC \Rightarrow y_i \sim E(\bar{y}_i), \ 1 \leqslant i \leqslant 24 \qquad (3-15)$$

$$t_i \sim \begin{cases} E(3600/x_i) & 1 \leqslant i \leqslant 24 \\ E(3600/y_i) & 1 \leqslant i \leqslant 24 \end{cases} \qquad (3-16)$$

下面计算 DCModel 针对日志的 $\bar{x}_i$，$\bar{y}_i$，α_i 和 β_i 的取值。首先由上一节关于任务到达时间规律性的分析可知，任务所在的时间槽与 $\bar{x}_i$ 和 $\bar{y}_i$ 存在非线性关系，因此可以通过线性拟合来拟合这种关系。为了避免过拟合，本书使用两个五次多项式拟合这种关系如公式（3-17）和（3-18）所示，拟合后的各个参数取值如表 3-3 所示。通过 $\bar{x}_i$ 和 $\bar{y}_i$ 可以拟合出工作日中时间槽 1～9 和节假日中时间槽 1～24 的任务到达数目的分布。最后通过 matlab 的 gamfit 函数可计算出工作日中时间槽 10～24 的伽马分布的参数值，如表 3-4 和表 3-5 所示。而图 3-16 是 DCModel 生成时间间隔的伪代码，伪代码中的 sample 函数用于产生相应分布函数的样本点。

```
条件：x̄ᵢ，ȳᵢ，αᵢ and βᵢ
输入：St – The start time，Size – The number of jobs to generate
输出：Tl – The time length，Tll – The list of Tl
WHILE Size - - >0 THEN
 | IF St in Workday THEN
 | | IF St in time slots (1,9) THEN
 | | | xᵢ = E(x̄ᵢ). sample( ); Tl = E(3600/xᵢ). sample( );
 | | ELSE IF St in time slots (10,24) THEN
 | | | xᵢ = Γ(αᵢ,βᵢ). sample( ); Tl = E(3600/xᵢ). sample( );
 | | END
 | ELSE IF St in Weekend THEN
 | | yᵢ = E(ȳᵢ). sample( ); Tl = E(3600/yᵢ). sample( );
 | END
 | Tll. add(Tl);
END
```

图 3-16　DCModel 生成时间间隔的伪代码

表 3-3　关于工作日和节假日任务到达数目周期性的拟合参数值

k	1	2	3	4	5	6
a_k	0.007	-0.391	6.2	-18.156	-115.618	1007.48
b_k	0.003	-0.159	2.667	-10.408	-62.059	935.408

$$a_1 i^5 + a_2 i^4 + a_3 i^3 + a_4 i^2 + a_5 i + a_6 = \overline{x}_i \qquad (3-17)$$
$$b_1 i^5 + b_2 i^4 + b_3 i^3 + b_4 i^2 + b_5 i + b_6 = \overline{y}_i \qquad (3-18)$$

表 3-4　工作日中时间槽 $10 \sim 17$ 之间任务到达数的伽马分布的参数值

i	10	11	12	13	14	15	16	17
α_i	1.353	1.135	1.485	1.121	1.147	1.197	1.467	1.377
β_i	4.165	3.513	2.439	4.862	4.868	3.767	2.435	2.698

表 3-5　工作日中时间槽 $18 \sim 24$ 之间任务到达数的伽马分布的参数值

i	18	19	20	21	22	23	24
α_i	1.296	1.306	1.265	1.161	1.192	1.218	1.093
β_i	2.678	3.127	4.326	5.256	5.909	6.251	8.142

3.5.2.2　任务队列使用习惯的模型

下面介绍 QModel 的模型构建，首先本节使用的符号变量有：U_i、$\overline{M}_i$、M_i、LOW、MIDDLE、SUBHIGH 及 HIGH，具体含义参考上一节对队列使用习惯的分析；μ_i 和 σ_i 表示正态分布的期望值和标准方差；α_i 和 β_i 表示伽马分布的参数值；B 表示二项分布（不同于概率论里面的二项分布），主要是为了生成 HIGH 区间内的队列使用率；$\overline{U}_i$ 表示队列使用率的期望值；$C_{0.2}$ 和 $C_{1.0}$ 为 $\overline{M}_i$ 在 HIGH 区间内对应队列使用率 0.2 和 1.0 的两个取值。上节中关于队列使用率在 4 个区间内的分布情况可以表示为公式（3-19）；在 4 个队列期望区间内，队列的使用率同队列日任务到达数目的期望值的非线性关系可以表示为公式（3-20）和公式（3-21），在公式（3-20）中使用 3 个三次多项式进行拟合主要是为了避免过拟合；在

4 个队列期望区间内队列的日任务到达数目同队列的日任务到达期望值之间的关系可以表示为公式（3 – 22）。

$$U_i \sim \begin{cases} E(\overline{U}_i) & i \in LOW \\ N(\mu_i, \sigma_i) & i \in MIDDLE \\ \Gamma(\alpha_i, \beta_i) & i \in SUBHIGH \\ B(0.2, 1.0) & i \in HIGH \end{cases} \qquad (3-19)$$

$$\overline{M}_i = \begin{cases} l_1 U_i^3 + l_2 U_i^2 + l_3 U_i + l_4 & i \in LOW \\ m_1 U_i^3 + m_2 U_i^2 + m_3 U_i + m_4 & i \in MIDDLE \\ s_1 U_i^3 + s_2 U_i^2 + s_3 U_i + s_4 & i \in SUBHIGH \end{cases} \qquad (3-20)$$

$$\overline{M}_i = \begin{cases} C_{0.2} & U_i = 0.2, i \in HIGH \\ C_{1.0} & U_i = 1.0, i \in HIGH \end{cases} \qquad (3-21)$$

$$M_i \sim E(\overline{M}_i) \quad i \in LOW \cup MIDDLE \cup SUBHIGH \cup HIGH$$

$$(3-22)$$

下面计算公式（3 – 19）到公式（3 – 22）中的未知参数。首先，4 个队列期望区间在任务日志中占有的比例分别为 27/68、32/68、7/68 及 2/68。对于公式（3 – 19）分析任务日志可得，当 $i \in LOW$ 时，$\overline{U}_i = 0.3$；当 $i \in MIDDLE$ 时，利用 matlab 的正态拟合函数可得 $\mu_i = 0.3$，$\sigma_i = 0.1918$；当 $i \in SUBHIGH$ 时，利用 matlab 的伽马拟合函数可得 $\alpha_i = 14.8298$，$\beta_i = 0.0405$。对于公式（3 – 20）中的 3 个多项式的参数值可通过线性拟合的方式求得，如表 3 – 6 所示。易得公式（3 – 21）中的 $C_{0.2} = 7202$，$C_{1.0} = 10290$。最后通过这 4 个公式和具体的参数值即可产生任意队列 i 的使用率 U_i 和日任务到达数 M_i，产生队列的 U_i 和 M_i 的伪代码如图 3 – 17 所示。

条件：$\overline{M}_i$，$\overline{U}_i$，μ_i，σ_i，α_i，β_i，$C_{0.2}$，$C_{1.0}$，LOW，MIDDLE，SUBHIGH，HIGH，low，mid，sub and high.

输入：qs – The number of queues

输出：U_i，M_i

```
//Firstly set the queue id and status by qs,low,mid,sub,high
setQueueIDandStatus(qs,low,mid,sub,high);
WHILE qs -- > 0 THEN
| IF i in LOW THEN
| | Uᵢ = E(Ūᵢ).sample();M̄ᵢ = l₁Uᵢ³ + l₂Uᵢ² + l₃Uᵢ + l₄;Mᵢ = E(M̄ᵢ).sample();
| ELSE IF i in MIDDLE THEN
| | Uᵢ = N(μᵢ,σᵢ).sample();M̄ᵢ = m₁Uᵢ³ + m₂Uᵢ² + m₃Uᵢ + m₄;Mᵢ = E(M̄ᵢ).sample();
| ELSE IF i in SUBHIGH THEN
| | Uᵢ = Γ(α,β).sample();M̄ᵢ = s₁Uᵢ³ + s₂Uᵢ² + s₃Uᵢ + s₄;Mᵢ = E(M̄ᵢ).sample();
| ELSE IF i in HIGH THEN
| | Uᵢ = B(0.2,1.0).sample();M̄ᵢ = C₀.₂ or C₁.₀ by Uᵢ;Mᵢ = E(M̄ᵢ).sample();
| END
END
```

图 3-17 产生队列的使用率和日任务到达数目的伪代码

表 3-6 U_i 和 $\overline{M}_i$ 之间线性拟合的参数值

k	1	2	3	4
l_k	771.588	-1362.758	659.693	-47.154
m_k	2184.306	-3546.853	1895.052	-18.796
s_k	40784.17	-66403	31183.56	-1931.35

最后，生成每个队列的 U_i 和 M_i 后产生队列号的方法：首先利用一个伪随机数发生器生成一个介于 0 和 1 之间的数值，将所有 U_i 大于这个数值的队列放入一个临时列表中；然后将这个临时列表中的所有队列的数值按照它们的大小标准化到区间[0,1]内，即按照 M_i 的大小在区间[0,1]内对应一块同比率的区间；最后，再利用另一个伪随机数发生器产生一个介

于 0 和 1 之间的数值，数值所在的区间对应的队列号即为最终生成的队列号。

3.5.2.3 任务并行尺寸与运行时间的模型

下面介绍 PRModel 的模型构建。首先，本节使用的符号变量有：P、R、R_{low_th} 和 R_{mid_th}，具体含义参考上一节对任务并行尺寸和任务运行时间关系的分析；pdf 表示概率密度函数，PRModel 的目的是要产生任务的 P 和 R。3.4 节关于 P 的分布规律可以表示为公式（3-23），而 P 和 R 之间的关系可以表示为公式（3-24）、公式（3-25）和公式（3-26）。通过日志可求得公式（3-24）、公式（3-25）和公式（3-26）中伽马分布的参数值，如表 3-7 所示。同时，需要计算出 P 在 3 个区间内出现的概率值用来选定 P 服从的分布函数，以及对应 P 的 3 个区间内 $R \leqslant R_{low\_th}$、$R_{low\_th} < R \leqslant R_{mid\_th}$ 和 $R > R_{mid\_th}$ 的概率值用来选定 R 的分布函数，利用日志容易计算出这些概率值，如表 3-7 所示。

$$P \sim \begin{cases} U(1,1) & P = 1 \\ \Gamma(\alpha_{11}, \beta_{11}) & 2 \leqslant P \leqslant 16 \\ \Gamma(\alpha_{12}, \beta_{12}) & 17 \leqslant P \leqslant 745 \end{cases} \quad (3-23)$$

$$R(R \leqslant R_{low\_th}) \sim \begin{cases} \Gamma(\alpha_{21}, \beta_{21}) & P = 1 \\ \Gamma(\alpha_{22}, \beta_{22}) & 2 \leqslant P \leqslant 16 \\ \Gamma(\alpha_{23}, \beta_{23}) & 17 \leqslant P \leqslant 745 \end{cases} \quad (3-24)$$

$$R(R_{low\_th} < R \leqslant R_{mid\_th}) \sim \begin{cases} \Gamma(\alpha_{31}, \beta_{31}) & P = 1 \\ \Gamma(\alpha_{32}, \beta_{32}) & 2 \leqslant P \leqslant 16 \\ \Gamma(\alpha_{33}, \beta_{33}) & 17 \leqslant P \leqslant 745 \end{cases}$$

$$(3-25)$$

$$R(R >_{mid\_th}) \sim \begin{cases} \Gamma(\alpha_{41}, \beta_{41}) & P = 1 \\ \Gamma(\alpha_{42}, \beta_{42}) & 2 \leqslant P \leqslant 16 \\ \Gamma(\alpha_{43}, \beta_{43}) & 17 \leqslant P \leqslant 745 \end{cases} \quad (3-26)$$

另外，为了选取表 3-7 中 P 和 R 的概率值，需要 4 个伪随机函数发生器来进行选择，具体的选择方法同 QModel 里利用伪随机函数发生器选择队列号的方法。将这 4 个伪随机函数发生器分别标记为 Rnd_{11}、Rnd_{21}，

Rnd_{22} 及 Rnd_{23}。其中，Rnd_{11} 用于选择 P 所在的区间；Rnd_{21} 用于选择 $P=1$ 内的 R 的分布函数；Rnd_{22} 用于选择 $2 \leqslant P \leqslant 16$ 内的 R 的分布函数；Rnd_{23} 用于选择 $17 \leqslant P \leqslant 745$ 内的 R 的分布函数。产生 P 和 R 的伪代码如图 3-18所示。

表 3-7　公式（3-23）、（3-24）、（3-25）和（3-26）中伽马分布的参数值

i	$(\alpha_{1i}, \beta_{1i})$	$(\alpha_{2i}, \beta_{2i})$	$(\alpha_{3i}, \beta_{3i})$	$(\alpha_{4i}, \beta_{4i})$
1	(2.8574, 1.3648)	(0.6466, 24.5366)	(0.7349, 2109.2)	(0.9640, 52143)
2	(6.2272, 4.3883)	(0.5338, 25.5052)	(0.7037, 2333.5)	(1.1162, 38474)
3	(NA, NA)	(0.5900, 27.2626)	(0.8369, 2375)	(1.1102, 40013)

条件：$pdf(P, R)$, $pdf(P)$, R_{low_th}, R_{mid_th}, Rnd_{11}, Rnd_{2i} $(i \in \{1, 2, 3\})$

输入：NONE

输出：P, R

// generate a value between $[0, 1]$

$rndP = Rnd_{11}.\text{sample}()$; $rndR = Rnd_{2i}.\text{sample}()$;

IF $rdnP$ in $pdf(P=1)$ THEN

丨 $P = U(1,1).\text{sample}()$; $i=1$;

ELSE IF $rndP$ in $pdf(2 \leqslant P \leqslant 16)$ THEN

丨 $P = \Gamma(\alpha_{11}, \beta_{11}).\text{sample}()$; $i=2$;

ELSE IF $rndP$ in $pdf(17 \leqslant P \leqslant 745)$ THEN

丨 $P = \Gamma(\alpha_{12}, \beta_{12}).\text{sample}()$; $i=3$;

END

IF $rndR$ in $pdf(P, R \leqslant R_{low\_th})$ THEN

丨 $R = \Gamma(\alpha_{2i}, \beta_{2i}).\text{sample}()$;

ELSE IF $rndR$ in $pdf(P, R_{low\_th} < R \leqslant R_{mid\_th})$ THEN

丨 $R = \Gamma(\alpha_{3i}, \beta_{3i}).\text{sample}()$;

ELSE IF $rndR$ in $pdf(P, R > R_{mid\_th})$ THEN

丨 $R = . \Gamma(\alpha_{4i}, \beta_{4i}) \text{sample}()$;

END

图 3-18　产生任务并行尺寸和任务运行时间的伪代码

表3-8　任务并行尺寸以及任务运行时间分布的概率值

$pdf\ (P,\ R)$ & $pdf\ (P)$		$P=1$	$2 \leqslant P \leqslant 16$	$17 \leqslant P \leqslant 745$
$pdf\ (P,\ R)$	$R \leqslant R_{low\_th}$	0.625	0.638	0.576
	$R_{low\_th} < R \leqslant R_{mid\_th}$	0.334	0.322	0.378
	$R > R_{mid\_th}$	0.041	0.04	0.046
$pdf\ (P)$	NA	0.796	0.198	0.006

3.5.2.4　任务模型的合并

本节主要介绍如何将 DCModel、QModel 即 PRModel 融合在一起，生成符合实际的基因测序环境的任务负载。具体流程为：首先通过 DCModel 产生一个任务的时间间隔 t_i；然后通过 QModel 产生该任务的任务号 qid；最后通过 PRModel 产生任务的并行尺寸 P 和任务的运行时间 R，然后格式化为 SWF 格式[36]的任务负载。图3-19 是整个流程的伪代码，其中 $size$ 代表产生的任务负载的数目，$load$ 表示需要产生的任务负载使用的集群的规模（默认为1，1 表示华大基因现有集群的规模，当 $load$ 为2 时代表生成日志的集群规模为华大基因现有的两倍），qs 表示需要构建的队列数目。为了便于引用，将生物基因测序任务模型简记为 BGIModel。

```
输入：size, load, qs
输出：swf - The workload list
DCModel. setLoad(load);
WHILE size - - > 0 THEN
| t_i = DCModel. generateTimeLength(); qid = QModel. getQID();
| (P,R) = PRModel. getPR();
| swf. add(SWFFormat(t_i, qid, P, R));
END
```

图3-19　合并的任务模型产生任务负载的伪代码

3.6　任务模型的评测

由任务日志构建出的任务模型，需要通过与原日志中数据的对比来判定模型的优劣。

3.6.1　VMModel 的评测

VMModel 的全局模型有 4 种：指数分布、高阶指数分布、伽马分布和韦伯分布；而其局部模型为正态分布。因此，组合后有 4 种任务模型，分别标记为：Exponential 模型、Hyper-Exponential 模型、Gamma 模型，以及 Weibull 模型。

本节中，首先将原日志数据按照所在月份分为两份，分别标记为三月份日志数据和四月份日志数据，然后使用两种方法来评测 VMModel 的优劣：KSTest 评测、ADTest 评测。以下对 KSTest 和 ADTest 的评测结果进行分析。

首先利用上述 4 种任务模型，针对三月份日志数据和四月份数据中包含的虚拟机数目分别产生 5605 个和 6141 个样本点。然后利用三月份和四月份日志数据对每个任务模型产生的样本进行 KSTest 评测和 ADTest 评测，每种评测重复 10 次，最后取每种任务模型 KSTest 评测和 ADTest 评测的平均值，则可得表 3 – 9 和表 3 – 10。

表 3 – 9　4 种 VMModel 同三月份日志数据的 KSTest 和 ADTest 评测结果

实验号码	Exponential		Hyper-Exponential		Gamma		Weibull	
	KSTest	ADTest	KSTest	ADTest	KSTest	ADTest	KSTest	ADTest
1	0.133	3.8109	0.0288	0.1696	0.0726	1.2889	0.0571	0.7365
2	0.1262	3.366	0.0338	0.2737	0.0749	1.4013	0.0626	0.9176
3	0.126	8.2066	0.0264	0.1757	0.0686	1.1397	0.0706	1.0478

续表 3－9

实验号码	Exponential		Hyper-Exponential		Gamma		Weilbull	
	KSTest	ADTest	KSTest	ADTest	KSTest	ADTest	KSTest	ADTest
4	0.1174	3.273	0.0285	0.1809	0.0767	1.3599	0.0566	0.6906
5	0.1191	1.427	0.0367	0.2903	0.0692	1.0514	0.0537	0.7037
6	0.1092	3.3097	0.0366	0.2707	0.0686	0.9965	0.0601	0.8953
7	0.1107	2.5125	0.0305	0.1575	0.0654	1.0626	0.0644	0.9271
8	0.1267	2.5329	0.0269	0.1308	0.0762	1.2326	0.0615	0.8762
9	0.1247	3.2129	0.0314	0.1736	0.0706	1.1279	0.0668	0.9181
10	0.1269	3.5916	0.0322	0.2555	0.0616	0.992	0.0694	1.1047
平均值	0.122	3.5243	0.0312	0.2078	0.0704	1.1653	0.0623	0.8818

表 3－10 4 种 VMModel 同四月份日志数据的 KSTest 和 ADTest 评测结果

实验号码	Exponential		Hyper-Exponential		Gamma		Weilbull	
	KSTest	ADTest	KSTest	ADTest	KSTest	ADTest	KSTest	ADTest
1	0.083	1.3956	0.097	1.3047	0.0557	0.7402	0.0663	1.3289
2	0.0926	1.7546	0.0915	1.3092	0.0614	0.7876	0.0613	1.1545
3	0.0837	4.6213	0.0879	1.085	0.0563	0.6958	0.0651	1.1572
4	0.0959	1.8772	0.0946	1.2625	0.0589	0.776	0.0698	1.4152
5	0.0905	1.66	0.0859	0.9768	0.0661	0.9341	0.0483	0.6828
6	0.0995	4.6213	0.0895	1.1057	0.0564	0.7937	0.051	0.7433
7	0.0865	1.4802	0.0898	1.162	0.0691	1.0011	0.0561	0.9842
8	0.0925	4.6235	0.0937	1.2452	0.0627	0.9682	0.0645	1.3205
9	0.097	6.29	0.088	1.0522	0.0671	0.9064	0.0614	1.0876
10	0.0946	1.6377	0.0832	0.8922	0.0557	0.6983	0.0604	1.0494
平均值	0.0916	2.9961	0.0901	1.1396	0.0609	0.8301	0.0604	1.0924

由表 3－9 和表 3－10 针对不同月份的日志数据的评测结果可得，尽

管 Hyper-Exponential 评测结果在三月份的评测结果中表现最好，但是四月份的评测中却比 Weilbull 模型和 Gamma 模型差，这说明 Hyper-Exponential 模型的通用性不好，构建的任务模型稳定性较差；而 Weilbull 模型和 Gamma 模型在两个月份的评测结果中显示的评测结果相对稳定，可以产生与原日志数据接近且稳定的日志文件，因此通用性较好；最后任务模型 Exponential 在两个月份的评测中表现最差，产生的任务日志与原有日志中数据的分布趋势存在较大偏差，因此通用性较差。

在表 3 - 9 对三月份日志数据的评测中显示，Hyper-Exponential 的 KSTest 和 ADTest 的评测结果最好，分别取值 0.0312 和 0.2078；Weilbull 模型的评测结果次之，分别为 0.0623 和 0.8818；Gamma 模型的评测结果一般，分别为 0.0704 和 1.1653；而 Exponential 模型的评测结果较差，分别为 0.122 和 3.5243。在表 3 - 10 对四月份日志数据的评测中显示，Weilbull 模型和 Gamma 模型的 KSTest 评测和 ADTest 评测结果最好，分别为 0.0604 和 1.0924，以及 0.0609 和 0.8301；Hyper-Exponential 的评测结果次之，分别为 0.0901 和 1.1396；Exponential 模型的评测结果较差，分别为 0.0916 和 2.9961。

3.6.2　BGIModel 的评测

为了更好地评测 BGIModel 产生日志文件的可靠性，本书使用了 KSTest 和 ADTest 对 BGIModel 在生成的任务到达时间间隔 T、任务队列号 Q、并行尺寸 P 和任务运行时间 R 上的分布趋势进行了评测。同时讨论了本书构建的任务模型的伸缩性。原有日志文件的日志记录的数目约为 550 万条。为了使结果更具说服力，本节将原有日志拆分为两份任务日志，第一份任务日志含有 300 万条任务记录（标记为 LOG_1），第二份任务日志含有 250 万条任务记录（标记为 LOG_2）。然后利用任务模型分别产生相同数量的任务日志对 LOG_1 和 LOG_2 中的 P、R、T 和 Q 4 个任务属性进行评测。

一、KSTest 评测

KSTest 评测结果的取值范围为 [0,1]，结果越小说明任务模型与原有日志之间的趋势拟合越好。为了更好地评测任务模型的可靠性，本书分别对 LOG_ 1 和 LOG_ 2 进行了 5 次评测，评测结果如表 3 - 11 所示。对

LOG_1 和 LOG_2 的评测显示，任务模型产生的 P、R、T 和 Q 4 个任务属性中，评测结果均小于 0.1，平均结果显示 P、R、T 和 Q 的评测结果均保持在 0.08 以下，而 P 的评测结果则保持在 0.05 以下，由 KSTest 的评测结果的限制可知任务模型产生的任务日志在 P、R、T 和 Q 4 个属性上有与原日志趋于相同的分布。因此，任务模型可以产生与实际生物基因测序日志一致分布的 4 个任务属性。

二、ADTest 评测

对 KSTest 中针对 LOG_1 和 LOG_2 生成的 10 个日志文件进行 ADTest 评测，评测结果如表 3 – 12 所示。在表 3 – 12 中，ADTest 对 P、R、T 和 Q 的评测结果在 0.8 到 42 之间不等。这是因为 ADTest 评测是 KSTest 评测基础上对整体样本的一种评测，是 KSTest 评测结果的标准差，评测结果同时取决于被评测的样本的数量。ADTest 针对 4 种属性评测的具体含义为：P 的平均评测结果 0.64 表示任务模型生成的任务的并行尺寸平均偏差为 0.64；R 的 35 表示生成的任务运行时间的平均偏差为 35 s；T 的 1.85 表示生成的任务时间间隔的平均偏差为 1.85 s；Q 的 0.26 表示生成的队列号与实际的偏差为 0.26。ADTest 评测结果说明任务模型的 P、T 和 Q 的分布趋势与原日志文件的趋势一致，而 R 的偏差略大。这是因为 R 的分布呈现长尾分布，样本数目（即不同的运行时间数目）达到 8 万多个，样本点取值最大达 1.0×10^7 s，因此对 R 的分布趋势准确拟合具有很大的难度。

三、BGIModel 的伸缩性

由于 BGIModel 模拟了任务到达时间间隔[43]，因此可以产生不同规模集群的日志文件——任务模型的伸缩性。假设原有集群的规模用 load = 1 表示，那么原有集群规模的一半、两倍、四倍的规模可以用 load = 0.5、load = 2 和 load = 4 来表示。本节依据文献［43］中的方法，将任务的时间间隔除以集群规模参数 load 来获得不同规模集群的日志。图 3 – 20 是原有日志与本书的任务模型在不同规模集群下生成的任务日志的日周期特性。由图中可以得出，原有任务模型在 load = 0.5、2 及 4 情况下不具有 load = 1 情况下的工作日周期特性和节假日周期特性，但是利用本书的任务模型生成的任务日志在这 4 种规模的集群下可以保持任务日志的日周期特性。因此利用任务模型产生的任务日志具有伸缩性，而利用原有日志扩展的不同规模集群的任务日志并不具有伸缩性。

表 3 – 11　KSTest 对 BGIModel 的评测结果

实验号码	KSTest			
	P	R	T	Q
LOG_1 (1)	0.03716	0.08019	0.05533	0.03943
LOG_1 (2)	0.03772	0.07992	0.05303	0.04903
LOG_1 (3)	0.03734	0.08015	0.05888	0.03552
LOG_1 (4)	0.03732	0.08020	0.05209	0.04282
LOG_1 (5)	0.03750	0.07940	0.05128	0.04591
LOG_2 (1)	0.05739	0.06140	0.06495	0.03109
LOG_2 (2)	0.05745	0.06088	0.06817	0.03978
LOG_2 (3)	0.05735	0.06113	0.06257	0.04062
LOG_2 (4)	0.05716	0.06021	0.06191	0.04943
LOG_2 (5)	0.05769	0.06101	0.06696	0.03662
平均值	0.04741	0.07045	0.05952	0.04102

表 3 – 12　ADTest 对 BGIModel 的评测结果

实验号码	ADTest			
	P	R	T	Q
LOG_1 (1)	0.45210	41.49516	1.76409	0.21163
LOG_1 (2)	0.44845	41.38002	1.98841	0.23632
LOG_1 (3)	0.44656	41.42522	1.88214	0.24066
LOG_1 (4)	0.45874	41.51323	1.71283	0.26123
LOG_1 (5)	0.44931	41.15271	1.68944	0.28351
LOG_2 (1)	0.84091	28.82880	1.84622	0.15985
LOG_2 (2)	0.85202	28.68644	1.85407	0.30128
LOG_2 (3)	0.84982	28.57776	1.96561	0.29533
LOG_2 (4)	0.84004	28.57784	1.97112	0.29525

续表 3 - 12

实验号码	ADTest			
	P	R	T	Q
LOG_2 (5)	0.84471	28.80568	1.88169	0.29635
平均值	0.64827	35.04429	1.85556	0.25814

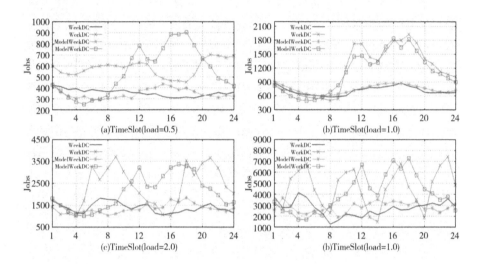

图 3 - 20　不同集群规模下任务模型生成的日志同原有日志的日周期特性对比

3.7　本章小结

　　本书依据相关的研究工作总结了针对日志进行任务建模的通用性框架，然后提出了利用通用性框架对可塑性和刚性任务日志任务属性的分析方法，最后利用通用性框架对实际环境下的可塑性任务日志和刚性任务日志进行了分析和建模。

　　本书利用通用性框架的可塑性任务日志任务属性的分析方法，对虚拟机 CPU 使用率的任务日志进行了分析。分析发现，日志中单台虚拟机

CPU 使用率期望值的概率密度趋向指数分布，单台虚拟机的 CPU 使用率的概率密度分布趋向正态分布，然后将这两种特性分别标记为全局特性和局部特性。针对虚拟机 CPU 使用率的全局特性和局部特性分别构建了全局模型和局部模型，将全局模型和局部模型合并为最终的任务模型。最后，通过 KSTest 和 ADTest 评测发现，本书构建的虚拟机 CPU 使用率的任务模型具有很好的稳定性和通用性。

本书利用通用性框架的刚性任务日志任务属性的分析方法，对实际环境下采集的生物基因测序日志的任务到达时间规律、任务的队列使用习惯、任务的并行尺寸和运行时间进行了分析。分析出日志文件中的任务在到达时间上具有工作日周期特性和节假日周期特性，同时在不同的时间槽内分别服从指数分布和伽马分布；而在队列的日到达任务数的期望区间 LOW、MIDDLE、SUBHIGH 以及 HIGH 内的队列使用率分别趋向指数分布、正态分布、伽马分布和二项分布，且队列的日任务到达数趋向指数分布。任务的并行尺寸趋向长尾分布，而任务的并行尺寸与任务的运行时间也存在长尾分布。然后针对这些特性分别构建了 DCModel、QModel 和 PRModel，并合并为最终的任务模型。最后利用 KSTest 和 ADTest 对该任务模型进行了评测，KSTest 的评测结果显示任务模型生成的任务并行尺寸 P、任务运行时间 R、任务的时间间隔 T 及任务的队列 Q 与原日志中相应属性的分布情况比较接近，具有很好的稳定性和通用性；ADTest 的评测结果显示 P、T 和 Q 的平均评测结果较小，R 的评测结果偏大，其中 R 的偏差略大是因为实际日志中 R 的样本太大导致的。在任务模型和原日志的伸缩性对比中显示，利用任务模型产生的任务日志在不同集群规模下具有原日志的工作日周期性和节假日周期性。总体来看，基于生物基因测序的日志文件具有相对较好的通用性和伸缩性。

4. 针对能耗的虚拟机调度优化

在云计算中，用户以一种现付现用（pay as you go）的方式来使用资源[128]。代替以往昂贵的 IT 设施和高昂的管理维护费用，用户或企业只需将计算需求交付给云即可。同时，云计算的高扩展性使其需要数量巨大的数据中心来构建，而相应数据中心的规模可达到成千上万台计算节点，因此云计算需要消耗大量的电能。据美国采暖、制冷和空调工程师协会预测[8]，2014 年数据中心的能耗的成本支出将会达到总成本的 75%，而数据中心的 IT 设施支出仅占 25%。导致云计算的高能耗不仅因为计算资源的大规模性和低的电能到计算的转化率（能效），也因为计算资源的利用率低。在对 5000 多台服务器超过六个多月的监控显示[129]，服务器的使用率很少接近 100%，大部分时间维持在 10% ~ 50%。如此低效的使用率必然降低能效，从而增加云计算的维护成本。另外，受限于当前计算节点普遍采用的能耗管理策略（DCD），计算节点在空闲状态的能耗也只能达到峰值的 70%[130]。

解决云计算中低能效的一个重要的方法就是利用虚拟机化技术[95]。虚拟机化技术可以通过在单个计算节点运行多个虚拟机来增加计算节点的利用率，从而提高能效和云计算的投资回报率。在线虚拟机迁移技术[91]可以将虚拟机融合到尽可能少的计算节点上来提高能效，即降低能耗。由于当前大多数应用任务在运行过程中对资源请求的剧烈变化特性[91]，过激的虚拟机融合可能导致任务的动态资源请求得不到满足。任务的资源得不到满足必然会导致较长的等待时间和完成时间，进而影响云提供商与用户之间的 QoS（量化指标为 SLA）。SLA 对云提供商来说是重要的也是必要的，因为 SLA 是对用户服务性能的保证。因此，云提供商需要平衡能耗同性能之间的关系（能效比）并作出取舍。所以云提供商必须处理好能效比，即在获得最小能耗的同时，保证与用户之间的 SLA 不冲突。基于此，本书主要研究了在云计算环境下的虚拟机迁移的调度策略，并针对当前研究存在的问题提出了两种优化策略。优化策略一获得了更低的能效比，但具有较高的能耗。优化策略二对现有虚拟机融合框架进行了更深入的探讨，获得了更低的能耗和能效比。本章的意义如下。

（1）根据可塑性任务的非抢占性，提出使用一维装箱策略来描述虚拟机迁移中虚拟机与资源之间的调度关系模型。

（2）根据 VMModel 中分析的虚拟机 CPU 使用率的任务特性，提出一种计算节点过载判定算法，同时改进了一种虚拟机选择算法。

（3）提出了一种虚拟机融合框架，根据 VMModel 中分析的虚拟机 CPU 使用率的任务特性推导出该融合框架的 SLA 冲突决定算法；同时，优化了现有融合框架中的能耗策略，并从数学角度证明了优化策略的优势。

（4）利用 VMModel 生成不同规模数据中心关于虚拟机 CPU 使用率的任务日志，并用该日志验证了本书提出的虚拟机融合框架的健壮性。

4.1 相关研究

据本书所查阅的参考文献来看，第一篇关于云数据中心的能耗管理是由 Nathuji[69] 完成的。Nathuji 提出一种用于虚拟机调度的虚拟能耗管理方法 VPM；VPM 提供了云数据中心运行的虚拟机访问的接口，通过这个接口，用户虚拟机可以对 VPM 进行单独的操作；同时，VPM 可以整体上控制和协调不同虚拟机使用的能耗管理策略，进而达到降低能耗的目的。文献［71］［72］中针对云数据中心的能耗管理问题也进行了相同的研究。

大量的研究将虚拟机的融合和调度看作多目标优化问题，或者利用某种预测模型来关闭不必要的虚拟机，进而通过减少虚拟机运行的数量来达到降低能耗的目的。Xu[79] 将虚拟机融合看作一种多目标优化问题，其中，优化的目标包括最小化能耗、最小化 SLA 冲突；然后提出了一种用于虚拟机融合的模糊多目标评估的改进遗传算法；对比文中提到的其他 4 种用于虚拟机融合的装箱方法和单目标方法，改进的遗传算法可以获得更好的能效比 EPT。Duy[80]在调度器中植入一种智能网络预测器,预测器可以基于历史数据预测资源的请求。该方法可以关闭不必要的虚拟机,进而减少云数据中心中运行的虚拟机,以此来降低能耗。Feller[81]将虚拟机融合问题看作多目标装箱问题,设计了一种基于蚁群算法的虚拟机融合算法。相比于一种常用的 Fist-Fit Decreasing 算法,该算法能获得更好的能效比,同时该算法可以在分布式环境中实现。

Dupont[86]在云数据中心中设计了一种用于虚拟机融合的弹性的针对能耗的框架。框架的主要组件是一个优化器,该优化器可以处理 SLA 冲突、不同数据中心的内部连接及能耗问题,实验显示该框架可以获得很好的能效比。Beloglazov[87]在云计算中提出一种基于能耗的虚拟机融合的框架。首先,在云数据中心中对计算节点设定一个固定的 CPU 使用率的上限阈值;然后将超过该阈值的计算节点标记为过载状态;最后,迁移过载计算节点上运行的虚拟机,直到计算节点的 CPU 使用率低于上限阈值。但是,固定的阈值不适合云计算环境中动态的虚拟机融合,于是 Beloglazov[88]提出一种启发式的动态虚拟机融合框架,该框架通过分析虚拟机 CPU 使用率的历史数据来预测虚拟机将来的 CPU 使用率,进而优化对虚拟机的调度,达到降低能耗的目的。

4.2 存在的问题

通常情况下,云数据中心中计算节点的状态有 3 种:Overload、Underload 和 Idle 状态。其中,Overload 的计算节点意味着计算节点有可能发生 SLA 冲突;Underload 的计算节点意味着计算节点处于开启或使用状态且没有发生 SLA 冲突;Idle 的计算节点处于关闭的状态。由相关研究工作可知,当前针对能耗的虚拟机迁移的调度策略主要是通过将数据中心所有虚拟机融合到尽可能少的计算节点上,然后关闭不必要的计算节点,从而达到降低能耗的目的。而针对该策略有以下 3 个问题:

(1) 选择什么样的计算节点。

(2) 在已选的计算节点上,选择什么样的虚拟机进行迁移。

(3) 对于已选的虚拟机,将其迁移到什么样的计算节点上。

针对上述 3 个问题的现有解决思路如下：

（1）选择处于 Overload 的计算节点进行迁移。

（2）在已选的计算节点上，选择能耗和性能损失最小的虚拟机进行迁移。

（3）对于已选的虚拟机，将其迁移到使计算节点能耗最小的 Overload 或 Idle 计算节点上。依据该解决思路，文献［88］提出了 4 种计算节点过载判定算法（ODA），4 种虚拟机选择算法（VMSA）和一个虚拟机融合框架来解决上述问题。但是，相应的算法和框架仍存在不足和可优化空间。

1）计算节点过载和虚拟机选择算法的问题。在计算节点过载判定和虚拟机选择算法中，现有研究只是单纯地利用数学中的相关方法对计算节点进行过载判定，然后再对过载的计算节点进行虚拟机选择，并没有考虑虚拟机自身的任务特性。

2）现有虚拟机融合框架的问题。虚拟机融合框架是设计时存在的问题，因此，为了更好地理解本书对该问题的描述，下面对该框架进行描述，并在此基础上指出框架中存在的问题。该框架的具体步骤如下。

Step 1：从云数据中心中选择所有处于 Overload 的计算节点，然后从这些计算节点上选择虚拟机进行迁移（所有被选择的虚拟机标记为 VmsToMigrate），直到计算节点处于 Underload。

Step 2：通过最小能耗策略（简称为 MinPower），在其他的没有 Overload 的计算节点中为 VmsToMigrate 选择合适的计算节点进行虚拟机融合。虚拟机融合的结果会将一些 Underload 计算节点转化为 Idle 状态，同时一些 Idle 计算节点变为 Underload 状态。

Step 3：将所有处于 Underload 的计算节点标记为 OUH；然后将 OUH 中所有接收过来自 VmsToMigrate 的虚拟机迁移的计算节点标记为 EUH，而将 OUH 中其余的计算节点标记为 RUH；最后关闭 RUH 中所有能够将其上的虚拟机迁移到 EUH 或其余 RUH 的计算节点，同时不会导致接收迁移的计算节点转化为 Overload 状态。

现有虚拟机融合框架可以大幅度地降低云数据中心的能耗和 SLA 冲突。但是，本书有以下两个问题。

（1）在该框架的 Step 1 中，从 Overload 计算节点选择虚拟机直到这些计算节点处于 Underload 状态。是否有必要迁移虚拟机直到计算节点处于 Underload 状态？首先 Overload 状态的计算节点并不意味着计算节点会产生 SLA 冲突，仅仅意味着这些计算节点有可能产生 SLA 冲突。如果 Overload状态的计算节点没有产生 SLA 冲突，那么迁移就没有必要且会导致更高的能耗。因此在 Step 1 需要一种更合适的选择虚拟机迁移的算法。

（2）在 Step 2 中，该框架通过 MinPower 策略在 Underload 和 Idle 状态计算节点为 VmsToMigrate 寻找合适的计算节点。然而，不同的计算节点拥有不同的能耗模型（简称 PowerModel），而相同的计算节点也有可能具有非线性的能耗模型。因此，这很有可能导致 Step 3 中 EUH 的数量变大，进而增加 Step 3 中的 RUH 数量，最终导致数据中心的计算资源利用率低和能耗高。

 4.3　针对能耗的虚拟机关系模型

虚拟机的关系模型描述的是虚拟机与资源之间的调度关系模型。由于可塑性任务对资源的非抢占性，可以利用装箱问题进行描述。因此，本书提出使用一维装箱（One-dimension Bin-Packing）问题来描述虚拟机迁移的关系模型。假设 $V = \{v_1, \cdots, v_a, \cdots, v_m\}$ 表示云数据中心虚拟机的集合，$h(v_i) \in (0,1]$ 表示虚拟机 CPU 使用率的取值，$H = \{h_1, \cdots, h_b, \cdots, h_n\}$ 表示云计算环境下的计算节点的集合，$< v_a, h_b >$ 表示虚拟机到计算节点的元调度映射，E_{ab} 表示 v_a 在 h_b 上的能耗，S_{ab} 表示 v_a 在 h_b 经历的 SLA 冲突。针对能耗的虚拟机迁移就是寻找能耗和 SLA 冲突最小的元调度映射集 $\sum < v_a, h_b > \Rightarrow Minimize(\sum E_{ab}, \sum S_{ab})$。

4.4　基于关系模型的虚拟机调度优化

针对现有问题和上节的虚拟机关系模型，本书分别提出两种优化解决策略。第一种策略针对计算节点过载判定和虚拟机选择方法，第二种策略针对虚拟机融合框架。

4.4.1 计算节点过载判定和虚拟机选择策略

在虚拟机 CPU 使用率的任务模型的任务特性分析阶段显示单台虚拟机 CPU 使用率的分布服从正态分布。由正态分布的特性可知，随机变量的取值在期望值减去标准差和期望值加上标准差之间的可能性较大。因此如果当前虚拟机 CPU 使用率的期望值和标准差可以通过其历史数据获得，那么便可通过虚拟机 CPU 使用率的期望值和标准差来预测虚拟机在下一时刻 CPU 使用率的取值，进而判断虚拟机过载与否。针对虚拟机 CPU 使用率的这一特性，本书提出了一种新的计算节点过载判定算法，同时对现有针对虚拟机 CPU 使用率特性的虚拟机选择算法进行了优化。

1. 计算节点过载判定策略

以下策略用于判定数据中心的计算节点是否过载。假设 N 表示数据中心中的计算节点的数目；H_i 表示数据中心中第 i 个计算节点；M_i 表示计算节点 H_i 上的虚拟机数目；V_{ij} 表示计算节点 H_i 上第 j 个虚拟机；$u_{ij,k}$ 表示虚拟机 V_{ij} 在时间帧 k 时的 CPU 使用率；p 表示每台虚拟机的总的时间帧数目。其中（5）为本书提出的方法策略。

（1）Median Absolute Deviation（MAD）判定策略：MAD 是一种简单的测量样本偏差的方法。假设存在样本集 $\{X_1, X_2, \cdots, X_n\}$，然后按照升序对该数据集进行排列，计算该数据集的中间值（中间值是按升序排列后的样本集的50%的取值），同时，将最终计算结果标记为 MED。计算结果如公式（4-1）所示，其中，median 表示中间值。然后，将样本集 $\{X_1, X_2, \cdots, X_n\}$ 中的每一个样本同 MED 相减取绝对值，同时对计算结果进行升序排列，得到数据集 $\{D_1, D_2, \cdots, D_n\}$。最后可通过公式（4-2）计算出最后的结果 MAD。

$$MED = median\{X_1, X_2, \cdots, X_n\} \qquad (4-1)$$

$$MED = median\{D_1, D_2, \cdots, D_n\} \qquad (4-2)$$

在按升序排列后的数据集 $\{X_1, X_2, \cdots, X_n\}$ 中，假设 X_k 表示计算节点 H_i 上 M_i 个虚拟机在时间帧 k 时的总的 CPU 使用率，如公式（4-3）所示。然后利用公式（4-2）易计算出这 M_i 个虚拟机的 MAD，则可通过公式（4-4）预测出在当前时间帧的 CPU 使用率 P_u，其中 $s(s \in R^+)$ 是个安全参数依据具体的环境设定。如果 P_u 大于 H_i 当前时间帧的实际 CPU 使用率，则 H_i 被判定为过载，否则 H_i 没有发生过载。

$$X_k = \sum_{j=1}^{M_i} u_{ij,k} \qquad (4-3)$$

$$P_u = 1 - s \cdot MAD \qquad (4-4)$$

（2）Inter Quartile Range（IQR）判定策略：IQR 称作中间或 50% 的样本估计算法。首先将样本 $\{X_1, X_2, \cdots, X_n\}$ 按照升序进行排列，然后标记样本的 25% 和 75% 处的样本数值分别为 Q_1 和 Q_3，则由 $IQR = Q_3 - Q_1$ 可以计算出 IQR 取值。然后可通过公式（4-5）获得的 CPU 使用率的预测值 P_u，如果 P_u 大于 H_i 当前时间帧的实际 CPU 使用率，则 H_i 被判定为过载，否则 H_i 没有发生过载。

$$P_u = 1 - s \cdot IQR \qquad (4-5)$$

（3）Local Regression（LR）判定策略：在线性代数中，线性拟合意味着给定一个 n 维空间内数据集，然后在这个空间内寻找一条曲线进行拟合。假设在 2 维空间内有 m 个数据点，标记为 $\{(x_i, y_i) \mid x_i \in R, y_i \in R, 1 \le i \le m\}$。则可利用一条直线来拟合所有的数据点，其中直线可以用 $y = ax + b$ 来表示（$a \in R$，$b \in R$），a 和 b 的可以通过最小化公式（4-6）获得。LR 是在线性拟合基础上的延伸，LR 对每个样本点和拟合曲线之间的绝对距离给予一个权重来求 a 和 b，如公式（4-7）所示。公式（4-7）中的权重 $\omega(x_i)(\in [0,1])$ 是 x_i 的表达式，x_i 是数据集 $\{X_1, X_2, \cdots, X_m\}$ 中第 i 个样本点。然后将数据集 $\{X_1, X_2, \cdots, X_m\}$ 中所有任意两点之间距离的最大值标记为 D_{max}，而将 x_i 同数据集 $\{X_1, X_2, \cdots, X_m\}$ 任意一点之间的最大距离标记为 D_i，则权重 $\omega(x_i)$[98]表示为公式（4-8）。

$$\sum_{i=1}^{m} (y_i - ax_i - b)^2 \qquad (4-6)$$

$$\sum_{i=1}^{m} \omega(x_i)(y_i - ax_i - b)^2 \qquad (4-7)$$

$$\omega(x_i) = [1 - (D_i/D_{max})^3]^3 \qquad (4-8)$$

在文献［88］中，利用 x_i 代表第 i 个时间帧，y_i 代表计算节点 H_i 在时间帧 i 的 CPU 使用率。那么通过公式（4－7）和公式（4－8）可计算出 LR 判定算法中的参数 a 和 b 的值。即找到拟合的曲线 $y = ax + b$（可用 $y = f(x)$ 表示）。则可通过公式（4－9）预测出计算节点 H_i 在下个时间帧的 CPU 使用率 P_u。如果 P_u 大于 1，则 H_i 被判定为过载，否则 H_i 没有发生过载。

$$P_u = s \cdot f(x_{n+1}) \qquad (4-9)$$

（4）Local Regression Robust（LRR）判定策略：LR 判定算法会受长尾分布或其他分布产生的异常数据影响，导致最终拟合的曲线偏离或不稳定。为了使拟合的曲线更加稳定，Cleveland 提出了一种 LRR 拟合方法。LRR 不同于 LR 拟合算法，它是 LR 拟合算法的一种延伸。在 LRR 中，权重值 $\omega(x_i)$ 通过乘以一个 $r(\varepsilon_i)$ 来进行修正，获得最终的权重。$r(\varepsilon_i)$ 的表达式如公式（4－10）所示。其中 ε_i 是样本数据 y_i 同拟合曲线数据 $\hat{y}_i$ ［$\hat{y}_i = a\hat{x}_i + b$，$a$ 和 b 通过公式（4－7）获得］之间的绝对距离。在公式（4－10）中的 m 是数据集 $\{\varepsilon_1, \varepsilon_2, \cdots, \varepsilon_n\}$ 的中间值，而函数关系 B 的表达式如公式（4－11）所示。然后通过公式（4－12）可以获得参数值 $\hat{a}$ 和 $\hat{b}$，进而获得最终的拟合曲线 $y = \hat{a}x + \hat{b}$，则可通过公式（4－9）获得最终的 CPU 使用率的 P_u 来判定计算节点过载与否。

$$r(\varepsilon_i) = B(\varepsilon_i/6m) \qquad (4-10)$$

$$B(u) = \begin{cases} (1-u^2)^2 & if \, |u| < 1 \\ 0 & otherwise \end{cases} \qquad (4-11)$$

$$\sum_{i=1}^{m} r(\varepsilon_i)\omega(x_i)(y_i - \hat{a}x_i - \hat{b})^2 \qquad (4-12)$$

（5）EV（mEan and Variance）：上述 4 种计算节点过载判定方法均使用固定的安全参数 s，但是计算节点上的虚拟机是实时变化的，固定的 s 并不能很好地适应动态变化的环境。因此，本书提出一种针对计算节点过载判定的优化策略 EV：首先设定一个动态变化的 s，s 等于当前计算节点上所有虚拟机最大 CPU 使用率的总和；如果 s 小于 1，计算节点安全，如果大于 1，则需进一步判定是否过载；如果大于 1，则求取该计算节点上所有虚拟机的 CPU 使用率的期望值和标准差，然后将标准差同 s 相乘，并加上期望值，所得的最终结果来判定计算节点是否过载；如果最终结果大于 1 则过载，如果小于 1 则安全。

2. 虚拟机选择策略

其中，（5）为本书在（4）上的优化选择策略。

（1）The Minimum Utilization Policy（MU）选择策略：MU 是一种简单的虚拟机选择算法。MU 的过程是首先迁移计算节点 H_i 上 CPU 使用率最小的虚拟机，如果迁移后该计算节点仍处于过载状态，则继续迁移 CPU 使用率最小的虚拟机直到该计算节点处于非过载状态为止。

（2）The Random Choice Policy（RC）选择策略：同样，RC 算法也是一种相对简单的虚拟机选择算法。不同于 MU，RC 算法随机地选择计算节点 H_i 上的虚拟机进行迁移，如果迁移后该计算节点仍然处于过载状态，则继续迁移直到该计算节点处于非过载状态为止。

（3）The Minimum Migration Time Policy（MMT）选择策略：MMT 算法选择计算节点 H_i 上迁移时间最短的虚拟机进行迁移，如果迁移后该计算节点仍处于过载状态，则继续迁移直到该计算节点处于非过载状态为止。由虚拟机的在线迁移技术可知，虚拟机的迁移时间主要取决于虚拟机占用的内存大小，占用的内存越大迁移的时间越长，反之迁移的时间越短。

（4）The Maximum Correlation Policy（MC）选择策略：选择过载计算节点上一台虚拟机，且该虚拟机 CPU 使用率同计算节点上其他虚拟机 CPU 使用率的相关系数的平方最大。

（5）MCE（MC Extended）：MCE 是本书提出的虚拟机选择策略，是在 MC 基础上的优化改进。MCE 选择一台虚拟机，且该虚拟机 CPU 使用率同计算节点上其他虚拟机 CPU 使用率的相关系数最大。

4.4.2　虚拟机融合框架

本节针对现有虚拟机融合框架中存在的问题，对其进行了重设计并提出本书的虚拟机融合框架。表 4 - 1 是本书中用于表示云数据中心计算节点状态的符号。针对现有虚拟机融合框架的问题，本章的重设计框架主要有以下 3 个步骤组成：

Step 1：首先，利用仿真器 CloudSim 中的计算节点过载判定算法 IQR、LR 等来选择云数据中心中过载的计算节点；然后将过载的计算节点分为 OverS 和 OverNS 两种状态，从 OverS 计算节点上选择虚拟机迁移，直到这些计算节点变为 OverNS 或者 Critical 状态；最后，利用本章提出的 SLAVDA 来选择 OverNS 计算节点上的虚拟机进行迁移，直到这些计算节点变为 Critical 状态，同时，将所有需要迁移的虚拟机标记为 VmsToMigrate。

表 4 - 1　云数据中心中计算节点状态的符号表示

标记	描述
Over	计算节点的过载状态
OverS	Over 计算节点伴随 SLA 冲突
OverNS	Over 计算节点没有 SLA 冲突
Under	使用中但没有过载的计算节点
Idle	没有使用的计算节点
Critical	介于 OverS 和 OverNS 状态

Step 2：首先将 VmsToMigrate 中的虚拟机按照 CPU 使用率请求进行降序排列，然后选择第一个虚拟机进行迁移。基于 MinPower 在 Under 和 Idle 计算节点中选择一个计算节点接收该虚拟机的迁移。如果在迁移之后该计算节点没有变为 Critical 状态，则选择 VmsToMigrate 中最后一个虚拟机迁移到该计算节点，直到该计算节点变为 Critical 状态（因为整个过程使该计算节点的使用率达到最大化，所以这一步称为最大使用率策略，简称 MaxUtilization）。重复上述步骤直到 VmsToMigrate 中没有虚拟机需要迁移为止。

Step 3：同上一节的 Step 3。

Step 1 至 Step 3 以及图 4 - 1 是本书的重设计的虚拟机融合框架的 3 个主要步骤和图示。针对上述步骤，下一节将会详细介绍重设计框架中使用的 SLAVDA、MinPower 和 MaxUtilization 算法策略。

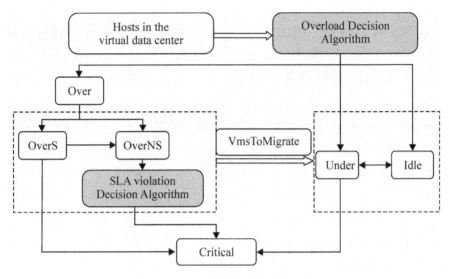

图 4-1　重设计的虚拟机融合框架

4.5　针对能耗的虚拟机调度优化算法

　　针对上节提出的解决策略，本节从算法的角度对其进行更详细的阐述。

4.5.1　计算节点过载判定和虚拟机选择算法

1. 计算节点过载判定算法（EV）

　　假设判定的计算节点为 H_i，然后为其设定一个安全参数值 s，该参数值不同于以上 4 种判定算法中的安全参数值。该安全参数值是一个动态的参数值，是 H_i 上所有虚拟机的最大 CPU 使用率总和，该安全参数值可以表示为公式（4-13）。如果 s 小于 1，则 H_i 没有过载；如果 s 大于 1，则需要进一步的判断 H_i 是否过载。由公式（4-3）知 X_k 代表 H_i 上 M_i 个虚拟机在时间帧 k 时的 CPU 使用率的总和，p 表示时间帧的总数目，当 s 大于 1 时，可获得 H_i 在时间帧 1 到 p 之间的期望值和方差，如公式（4-

14）和公式（4-15）所示。通过方差 V 的平方根可以获得其标准差（记为 $StdDev$）。最后，通过公式（4-16）可预测 H_i 的 CPU 使用率 P_u，然后可以利用 P_u 来判断计算节点过载与否。

$$s = \sum_{j=1}^{M_i} u_{ij,k} \qquad (4-13)$$

$$E = \frac{1}{p} \sum_{k=1}^{p} X_k \qquad (4-14)$$

$$V = \frac{1}{p} \sum_{k=1}^{p} (X_k - E)^2 \qquad (4-15)$$

$$P_u = E + s \cdot StdDev \qquad (4-16)$$

2. 虚拟机选择算法（MCE）

首先，计算节点 H_i 上虚拟机 V_{ij} 与 H_i 上其他虚拟机之间的相关系数，可得公式（4-17）。公式（4-17）中的 $U_{ij,k}$ 和 $V(u_{ij,k})$ 的实际含义可通过公式（4-18）和公式（4-19）表示。易知 H_i 上共有 M_i 个虚拟机，因此可以获得 M_i 个相关系数。由概率论知识可知，相关系数的取值范围为 -1 到 1 之间。当相关系数 ρ 的范围在 0 到 1 之间时，表示正相关；当 ρ 的范围在 -1 到 0 之间时，表示负相关。负相关表示在两个变量中，当一个变量开始增长（或降低）时，另一个变量很有可能在降低（或增加）。而正相关则表示两个变量的增长和降低大部分时间保持一致。因此，相比于负相关系数，正相关系数更有可能造成计算节点过载。但是，MC 策略选择 H_i 上这 M_i 个相关系数平方后最大的一个进行虚拟机迁移，如公式（4-20）所示，并没有考虑正相关和负相关。基于此，本书的 MCE 算法选择计算节点 H_i 上相关系数最大的虚拟机进行迁移，如公式（4-21）所示。

$$\rho_j = \frac{E\left[\left(u_{ij,k} - \frac{1}{p}\sum_{k=1}^{p} u_{ij,k}\right)\left(U_{ij,k} - \frac{1}{p}\sum_{k=1}^{p} U_{ij,k}\right)\right]}{\sqrt{V(u_{ij,k})} \sqrt{V(U_{ij,k})}} \qquad (4-17)$$

$$U_{ij,k} = \sum_{q=1}^{j-1} u_{iq,k} + \sum_{q=j+1}^{M_i} u_{iq,k} \qquad (4-18)$$

$$V(u_{ij,k}) = E\left[\left(u_{ij,k} - \frac{1}{p}\sum_{k=1}^{p} u_{ij,k}\right)^2\right] \qquad (4-19)$$

$$\rho_{max} = \max(\{\rho_1^2, \rho_j^2, \cdots, \rho_{M_i}^2\}) \qquad (4-20)$$

$$\rho_{max} = \max(\{\rho_1, \rho_j, \cdots, \rho_{M_i}\}) \qquad (4-21)$$

4.5.2 虚拟机融合框架的算法

由基于虚拟机 CPU 使用率的任务模型可知，单台虚拟机 CPU 使用率服从正态分布，因此正态分布是虚拟机 CPU 使用率的重要任务特性。正态分布需要虚拟机 CPU 使用率的期望值与标准差进行拟合，所以虚拟机 CPU 使用率的重要特性也就是虚拟机 CPU 使用率的期望值和标准差。因此下面主要利用了虚拟机 CPU 使用率的期望值和标准差进行了 SLAVDA 的充要条件的算法推导。下面对 SLAVDA 和 MPMU 进行描述。

1. SLA 冲突决定算法

SLAVDA 用于判定计算节点产生 SLA 冲突的极大可能性。表 4 - 2 中定义了用于描述 SLAVDA 所需要的参数变量。根据 SLAVDA 在整个融合框架中的作用，本节需要推导出产生 SLA 冲突的充要条件，然后利用充要条件找出 OverNS 计算节点以极大概率转化为 OverS 的条件，进而完成 SLAVDA 对 OverNS 计算节点的 SLA 冲突判定。

首先，寻找云数据中心中计算节点产生 SLA 冲突的充要条件。由文献 [88] 知当计算节点 H_i 上的虚拟机的资源请求大于该计算节点分配的资源时，则该计算节点产生 SLA 冲突。当等于该计算节点分配的资源时，则不会产生 SLA 冲突。由于计算节点的资源分配是以虚拟机的请求为依据的，因此虚拟机的资源请求不可能小于计算节点分配的资源，则可得公式（4 - 22）。实际上，计算节点 H_i 分配的资源不可能超过该计算节点的最大可用资源（MUH_i）。因此计算节点 H_i 能够分配的资源小于等于该计算节点的最大可用资源。这也意味着如果计算节点 H_i 上的虚拟机总的资源请求超过计算节点的最大可用资源，那么该计算节点就会产生 SLA 冲突。为了方便描述，本节将 $\sum_{j=1}^{M_i} RUV_{ij}/MUH_i$ 设置为 x_i，那么公式（4 - 22）可转化为公式（4 - 23）。由公式（4 - 23）可得，云数据中心的计算节点产生 SLA 冲突的充要条件是 $x_i > 1.0$，其中 $x_i \leqslant \sum_{j=1}^{M_i} MUV_{ij}/MUH_i$。当

$x_i > 1.0$ 时，计算节点 H_i 的状态为 OverS；当 $0 < x_i \leqslant 1.0$ 时，计算节点 H_i 的状态为 OverNS 或者 Under；当 $x_i = 0$ 时，计算节点 H_i 的状态为 Idle。

表 4-2　SLAVDA 算法需要的参数变量

标记	描述
H_i	数据中心第 i 个计算节点
V_{ij}	H_i 上第 j 个虚拟机
N	数据中心的计算节点数目
M_i	H_i 上的虚拟机数目（$j \in \{1, \cdots, i\}$）
MUH_i	H_i 的最大 CPU 使用率
AUH_i	H_i 分配的总的 CPU 使用率
MUV_{ij}	V_{ij} 的最大 CPU 使用率
RUV_{ij}	V_{ij} 的请求 CPU 使用率
RUV_j	VmsToMigrate 中第 j 个虚拟机的请求 CPU 使用率

最后，分析 OverNS 以极大概率转化为 OverS 时需要满足的条件。首先，不同的计算节点的 x_i 很有可能不同，x_i 是一个随机变量，它的期望值和标准差可以通过相应计算节点上虚拟机资源请求的历史数据计算出来；然后用 μ_i 和 δ_i 来表示该随机变量的期望值和标准差，用 $p(x_i)$ 来表示 x_i 的概率密度函数；最后，通过公式（4-24）可以计算出 $x_i > 1.0$ 的概率。

$$\begin{cases} \dfrac{\sum\limits_{j=1}^{M_i} AUV_{ij}}{MUH_i} < \dfrac{\sum\limits_{j=1}^{M_i} RUV_{ij}}{MUH_i}, & \text{SLA violation} \\[4mm] \dfrac{\sum\limits_{j=1}^{M_i} AUV_{ij}}{MUH_i} < \dfrac{\sum\limits_{j=1}^{M_i} RUV_{ij}}{MUH_i}, & \text{No SLA violation} \\[4mm] \dfrac{\sum\limits_{j=1}^{M_i} AUV_{ij}}{MUH_i} < \dfrac{\sum\limits_{j=1}^{M_i} RUV_{ij}}{MUH_i}, & \text{impossible} \end{cases} \quad (4-22)$$

$$\begin{cases} 1.0 < x_i, & \text{SLA violation} \\ 0 \leqslant x_i \leqslant 1.0, & \text{No SLA violation} \\ x_i < 0, & \text{impossible} \end{cases} \quad (4-23)$$

在公式（4-24）中，如果 μ_i 大于1，那么计算节点 H_i 将会以极大概率转化为 OverS 状态；如果 u_i 小于1，那么 $x_i > 1.0$ 的概率值将由比值 $\delta_i^2 / \varepsilon_i^2$ 决定。由于概率值不可能大于1，因此本书选择当比值 $\delta_i^2 / \varepsilon_i^2$ 大于1时，计算节点 H_i 将会以极大概率转化为 OverS 状态。因此，处于 OverNS 状态的计算节点转化为 OverS 状态的条件可以表述为公式（4-25）。

$$\begin{aligned} P\{x_i \geqslant 1\} &= P\{x_i - \mu_i \geqslant 1 - \mu_i\} \, (set \ 1 - \mu_i = \varepsilon_i) \\ &= P\{x_i - \mu_i \geqslant \varepsilon_i\} \\ &\leqslant \int_{x_i - \mu_i \geqslant \varepsilon_i} \left(\frac{x_i - \mu_i}{\varepsilon_i} \right)^2 p(x_i) \, \mathrm{d}x_i \\ &= \frac{1}{\varepsilon_i^2} \int_{\varepsilon_i + \mu_i}^{\infty} (x_i - \mu_i)^2 p(x_i) \, \mathrm{d}x_i \\ &\leqslant \frac{1}{\varepsilon_i^2} \int_0^{\infty} (x_i - \mu_i)^2 p(x_i) \, \mathrm{d}x_i \\ &= \frac{\delta_i^2}{\varepsilon_i^2} \end{aligned} \quad (4-24)$$

$$\begin{cases} \forall \delta_i, & \mu_i \geqslant 1.0 \\ \delta_i \geqslant 1 - \mu_i, & \mu_i < 1.0 \end{cases} \quad (4-25)$$

2. 最小能耗和最大使用率策略

为了方便描述，本章利用符号 MPMU（MinPower and MaxUtilization）表示最小能耗和最大使用率策略，用符号 MP 表示 MinPower。MP 策略已经在 CloudSim 中实现，而 MPMU 策略则是本书在 MP 策略的基础上的改进。与 SLAVDA 不同，MP 和 MPMU 用于选择合适的 Under 或 Idle 计算节点接收虚拟机的迁移。

MP 策略为虚拟机选择能耗最低的计算节点进行迁移。MP 策略的伪代码如图 4-2 所示。在 4.4.2 Step 2 中 MP 策略用于为 VmsToMigrate 寻找合适的计算节点进行虚拟机迁移，但是这可能导致 EUH 数量的增加，进而导致数据中心的高能耗。基于此，本章提出了 MPMU 来降低 EUH 的数量。

MPMU 的整个过程如下：

（1）将 VmsToMigrate 升序排列，并将排序结果标记为 AscVms，将 VmsToMigrate 降序排列，并将排序结果标记为 DescVms。

（2）从 DescVms 中选择第一个虚拟机进行迁移，利用 MP 策略在 Under 和 Idle 计算节点中寻找合适的计算节点来接收迁移。

（3）如果被选择的计算节点没有变为 Over 状态，则从 AscVms 中选择第一个虚拟机迁移到该计算节点，直到该计算节点的状态变为 Critical 状态，同时，将被迁移的虚拟机从 DescVms 和 AscVms 中移除。

（4）重复（2）和（3）直到集合 DescVms 和集合 AscVms 中没有需要迁移的虚拟机为止。整个过程的伪代码如图 4-3 所示。

```
输入：V_j in the VmsToMigrate, HUI (the set of the Under and Idle hosts),
P(AUh) the PowerModel for the host h, minPower (Double. MAX_ VALUE).
输出：allocatedHost (a host in the set HUI)
FOR H_k IN HUI
| diffPower = P(RUV_kj + AUH_k) - P(AUH_k);
| IF minPower > diffPower
| | minPower = diffPower;
| | allocatedHost = H_k;
| END
END
return allocatedHost;
```

图 4-2 最小能耗策略的伪代码

为了证明 MPMU 策略优于 MP 策略，需要证明在 VmsToMigrate 相同的条件下，由 MPMU 产生的 EUH 数量小于等于由 MP 产生的 EUH 数量。因为只有 MPMU 产生的 EUH 数量小于 MP 的，才能导致最终被关闭的计算节点大于 MP 的，进而降低能耗。假设用符号 n 表示集合 VmsToMigrate，用 $N(n)_{MP}$ 表示由 MP 产生的 EUH 数量，而用 $N(n)_{MPMU}$ 表示由 MPMU 产生的 EUH 数量，则需证明定理 4-1。

定理 4-1 对于任何 VmsToMigrate 的尺寸 n，存在 $N(n)_{MPMU} \leqslant N(n)_{MP}$

证明：

（a）当 $n=1$ 时，MPMU 退化为 MP，因此有 $N(1)_{MPMU} \leqslant N(1)_{MP}$，得证。

（b）假设当 $n = k$ 时，存在 $N(k)_{MPMU} \leqslant N(k)_{MP}$，则只需证明当 $n = k + 1$ 时，$N(k + 1)_{MPMU} \leqslant N(k + 1)_{MP}$ 即可。相比于 $n = k$，当 $n = k + 1$ 时表示有一个额外的虚拟机需要迁移到现有的 EUH 或 RUH 和 Idle 计算节点上。那么对于该虚拟机有两种可能的情况需要考虑：EUH 没有足够的空间接收该虚拟机的迁移；EUH 拥有足够的空间接收该虚拟机的迁移。下面分析这两种情况。

　　（1）EUH 没有足够的空间接收该虚拟机的迁移，那么 MP 策略需要选择 EUH 之外的计算节点进行虚拟机的迁移，则有 $N(k + 1)_{MP} = N(k)_{MP} + 1$。而 MPMU 也需要选择 EUH 之外的计算节点进行虚拟机的迁移，因此有 $N(k + 1)_{MPMU} = N(k)_{MPMU} + 1$，然后可得 $N(k + 1)_{MPMU} \leqslant N(k + 1)_{MP}$。

```
输入：VmsToMigrate；MinPower, which is a function for VM and return a suitable host
for the VM.
输出：MigrationMap, is a type of Map < Host, Vm > .
AscVms = sortAscending( VmsToMigrate ) ;
DescVms = sortDescending( VmsToMigrate ) ;
FOR Vj IN DescVms
| allocatedHost = MinPower( Vj ) ;
| AscVms. remove( Vj ) ;
| DsecVms. remove( Vj ) ;
| FOR Vk IN AscVms
| | IF NOT all ocatedHost. isHostOverUtilized( Vk ) ;
| | | MigrationMap. put( allocatedHost, Vk ) ;
| | | allocatedHost. create( Vk ) ;
| | | AscVms. remove( Vk ) ;
| | | DsecVms. remove( Vk ) ;
| | ELSE
| | | break ;
| | END
| END
END
return MigrationMap ;
```

图 4 - 3　MPMU 策略的伪代码

（2）EUH 拥有足够的空间接收该虚拟机的迁移，MPMU 会选择 EUH 进行该虚拟机的迁移，因此有 $N(k+1)_{MPMU} = N(k)_{MPMU}$。故如果能证明 MP 策略存在将虚拟机迁移到 EUH 之外的计算节点的情况，那么就可以证明定理 4-1。假设 OUH 和 Idle 计算节点拥有相同的 PowerModel（网站[14] 提供的能耗模型），那么由于 EUH 包含在 OUH 中，因此 EUH 中的计算节点也具有相同的 PowerModel。那么 OUH 中的 PowerModel 的能耗 P 和使用率 U 之间的关系式可以表示为公式（4-26）和图 4-4[14]。在公式（4-26）中，T_u 是 OUH 中计算节点资源使用率的一个拐点。对公式（4-26）两边求导可得公式（4-27）。在公式（4-27）中，当 $0 \leqslant U < T_u$ 时，导数 $dP(U)/dU$ 的取值将会单调递增（由于 $a \in R^+$）；而当 $T_u \leqslant U \leqslant 1.0$ 时，导数 $dP(U)/dU$ 的取值将会单调递减。对于 MP 策略，这意味着当 EUH 中的计算节点的使用率小于拐点 T_u 时，那么最小使用率的计算节点将会被 MP 选择来接收该虚拟机的迁移；同时也意味着如果 RUH 中拥有更小使用率的计算节点，那么 MP 将会选择 EUH 之外的计算节点来接收该虚拟机的迁移（图 4-5）。这意味着 MP 有可能选择 EUH 之外的计算节点来接收该虚拟机的迁移，因此有 $N(k+1)_{MP} = N(k)_{MP}$ 或 $N(k+1)_{MP} = N(k)_{MP} + 1$，可得 $N(k+1)_{MPMU} \leqslant N(k+1)_{MP}$，得证。

$$P(U) = \begin{cases} aU^2 + b, & 0 \leqslant U < T_u (a,b \in R^+) \\ -cU^2 + d, & T_u \leqslant U \leqslant 1.0 (c,d \in R^+) \end{cases} \quad (4-26)$$

$$\frac{dP(U)}{dU} = \begin{cases} aU, & 0 \leqslant U < T_u (a \in R^+) \\ -cU, & T_u \leqslant U \leqslant 1.0 (c \in R^+) \end{cases} \quad (4-27)$$

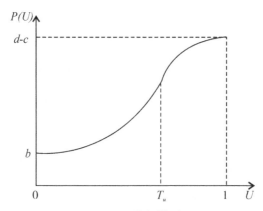

图 4-4　能耗模型

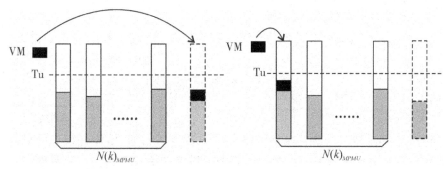

图 4-5　MP 策略与 MPMU 策略在拥有足够资源接收额外虚拟机时的对比

4.6.1　实验平台

本书虚拟机调度优化策略的目标系统是云计算的 IaaS 层，利用实际的云数据中心来评估策略的性能是最好的。但是，在实际的云数据中心进行重复实验是非常困难和耗费巨大的。为了保证实验的可重复性，本书使用仿真器 CloudSim[63]作为实验的仿真平台对本书提出的虚拟机调度优化策略进行评估。CloudSim 是由澳大利亚墨尔本大学的 CLOUDs[10]实验室开发的。CloudSim 支持云计算环境下的资源调度和分配，同时，它也被扩展成可以支持用于云数据中心的基于能耗的虚拟机调度的仿真和模拟。CloudSim 是一个专门用于云计算的仿真器。与仿真器 GridSim[59]、Sim-Grid[99]和 GangSim[100]相比，CloudSim 支持云计算环境下的资源调度和分配，同时它也被扩展成可以支持用于云数据中心的针对能耗的虚拟机调度的仿真和模拟。

本节进行 3 个实验，实验一用于检验本书提出的计算节点过载判定和选择方法的性能，实验二用于检验本书提出的虚拟机融合框架的性能，实验三用于检验本书提出的虚拟机融合框架的健壮性。

1. 实验一的仿真平台设计

首先，构建 800 个计算节点的云数据中心，其中一半计算节点是 HP ProLiant ML110 G4（简记为 G4），另一半为 HP ProLiant ML110 G5（简记为 G5）。所有计算节点均拥有 1 个双核 CPU，其中 G4 计算节点的每个核的主频为 1.86 GHz，且拥有 4 GB 的内存；而 G5 计算节点的每个核的主频为 2.66 GHz，且拥有 4 GB 的内存。所有计算节点之间的网络带宽为 1 Gbit/s，G4 和 G5 的能耗模型可以参考网站 [15]，且该能耗模型的描述如表 4-3 所示。为了使本章使用的虚拟机类型更具说服力，本章使用了由 Amazon EC2 提供的 4 种虚拟机类型[16]，如表 4-4 所示。在初始情况下，每个构建的虚拟机按照虚拟机请求的最大 CPU 使用量进行资源分配，然后在每个虚拟机的生命周期内，对虚拟机的 CPU 资源分配按照相应日志中记录的资源请求为准。

表 4-3　在不同负载下的两种能耗模型的能耗情况

PowerModels	0%	10%	20%	30%	40%	50%	60%	70%	80%	90%	100%
The G4（Watts）	86	89.4	92.6	96	99.5	102	106	108	112	114	117
The G5（Watts）	93.7	97	101	105	110	116	121	125	129	133	135

为了使仿真结果的评估更加真实，利用实际环境采集的任务负载来进行虚拟机过载和选择算法的评估显得尤为重要。因此，本节的实验使用了由 Beloglazov[88] 通过 PlanetLab 监控系统[96] 采集的记录虚拟机 CPU 使用率变化的任务日志。文献 [88] 中的 Table II 对这份日志进行了简要的描述。

表 4-4　实验中使用的 4 种虚拟机类型

VM types	cores	Capacity（MIPs）	RAM（MB）	Storage（GB）	Bandwidth（Mbit/s）
Large	1	2500	870	2.5	100
Medium	1	2000	1740	2.5	100
Small	1	1000	1740	2.5	100
Micro	1	500	413	2.5	100

2. 实验二的仿真平台设计

本节构建了 800 个计算节点的云数据中心，其中一半计算节点是 HP ProLiant ML110 G4（简记为 G4），另一半为 HP ProLiant ML110 G5（简记为 G5）。具体配置参考实验一。在初始情况下，每个构建的虚拟机按照虚拟机请求的最大 CPU 使用量进行资源分配，然后在每个虚拟机的生命周期内，对虚拟机的 CPU 资源分配按照相应日志中记录的资源请求为准。

使用的任务日志参考实验一。本书提出的虚拟机融合框架是对文献 [88] 中的虚拟机融合框架的优化改进，主要提出了 SLAVDA 算法和 MPMU策略。因此，针对不同优化和改进，本书的虚拟机融合框架可以分为 4 种，如表 4 - 5 所示。

表 4 - 5　实验中对比的四种虚拟机融合框架

融合框架	框架描述
Origin	The original framework
SLAVDA	The Origin with SLAVDA improvement
MPMU	The Origin with MPMU improvement
SDAMU	The SLAVDA with MPMU improvement

3. 实验三的仿真平台设计

搭建 3 种不同规模的云数据中心，3 种规模中的计算节点类型、虚拟机类型及配置情况与实验一和实验二相同。而 3 种规模的计算节点数目和虚拟机数目如表 4 - 6 所示。为了使结果更有说服力，针对不同规模的云数据中心产生了不同数量的虚拟机的 CPU 使用率的分布情况。本实验利用这些日志对 Origin、SLAVDA、MPMU 以及 SDAMU 框架进行了性能评估。

表 4 - 6　3 种规模的云数据中心对应的虚拟机数目

节点数	虚拟机数									
400	300	350	400	450	500	550	600	650	700	750
1000	800	850	900	950	1000	1050	1100	1150	1200	1250
1500	1300	1400	1500	1600	1700	1800	1900	2000	2100	2200

4.6.2　评估指标

在云计算中满足用户的 QoS 是非常重要的。而 QoS 通常被量化为 SLA 协议，量化的属性指标主要包括最小吞吐量、最大响应时间、Deadline 以及最小带宽等。这些被量化的属性指标是依赖具体的应用程序和负载的，但是本书研究的虚拟机迁移的调度是云计算中 IaaS 层的框架，与具体应用程序无关。因此本书使用由文献［88］中提出的与具体的应用程序无关的 SLA 评估指标来评估本书提出的基于能耗的虚拟机调度策略，同时还包括相关的能耗指标。

（1）SLATAH（SLA violation Time per Active Host）：表示计算节点在 CPU 使用率为 100% 时所经历的时间。当计算节点的 CPU 使用率为 100% 时，该计算节点将无法满足虚拟机额外的资源请求，进而产生 SLA 协议冲突。SLATAH 可以用公式（4 - 28）表示，其中，T_{s_i} 表示 SLA 协议冲突的时间长度，T_{a_i} 表示计算节点 H_i 开启状态的时间长度。

$$SLATAH = \frac{1}{N} \sum_{i=1}^{N} \frac{T_{s_i}}{T_{a_i}} \qquad (4 - 28)$$

（2）Migrations：表示云数据中心中所有计算节点之间的虚拟机迁移的次数。

（3）Energy：表示云数据中心的能耗，单位为 kW·h。

（4）PDM（Performace Degradation due to Migrations）：云数据中心中由所有虚拟机的迁移导致的性能下降的总和。PDM 可以通过公式（4 - 29）表示，其中，M 表示云数据中心中总的虚拟机数目，C_{d_j} 表示由虚拟机 j 的迁移导致的性能下降的总量（CPU 计算量单位为 MIPs），C_{r_j} 表示虚拟机 j 在其生命周期内请求的资源总量（即 CPU 计算量单位为 MIPs）。本书中的 C_{d_j} 表示虚拟机 j 在每次迁移时损失的性能为请求的 CPU 计算量的 10%。

$$PDM = \frac{1}{M} \sum_{j=1}^{M} \frac{C_{d_j}}{C_{r_j}} \qquad (4 - 29)$$

（5）SLAV（SLA Violation）和 ESV（Energy and SLA Violation）：SLATAH 用于评估计算节点级别的 SLA 冲突，而 PDM 用于评估虚拟机级别的 SLA 冲突。这两个评估指标是相互独立的，因此需要一个整体的 SLA 评估指标来评估计算节点和虚拟机的 SLA 冲突。SLAV 是 SLATAH 与 PDM 的乘积，是一个评估计算节点和虚拟机 SLA 冲突的合成评估指标，如公式（4-30）所示。ESV 是一个能耗和 SLA 冲突的合成评估指标，如公式（4-31）所示。

$$SLAV = SLATAH \cdot PDM \qquad (4-30)$$

$$ESV = SLAV \cdot Energy \qquad (4-31)$$

4.6.3　实验一：计算节点过载判定和选择策略

本实验旨在检验本书提出的计算节点过载判定和虚拟机选择策略的性能。本节评估了现有的 4 种虚拟机过载算法 IQR、MAD、LR 和 LRR，以及 4 种虚拟机选择算法 MC、MMT、MU 和 RS。同时，评估了本节提出的计算节点过载判定算法 EV 和虚拟机选择算法 MCE。依据文献［88］中的实验结果，本书为现有的 4 种虚拟机过载算法 IQR、MAD、LR 和 LRR 分别选择最优的安全参数为：1.5、2.5、1.2 和 1.2。实验结果如图 4-6 所示。

（1）SLA 评估：SLA 的评估指标主要包括 PDM、SLATAH 和 SLAV。由图 4-6（a）可得，针对 PDM 的最优的虚拟机过载和选择算法分别是 IQR_MMT_1.5（其中 IQR 代表相应计算节点过载判定算法，MMT 代表虚拟机选择算法，而 1.5 代表具体的安全参数），MAD_MMT_2.5，LR_MMT_1.2，LRR_MMT_1.2 和 EV_MCE。最差的则是 IQR_MU_1.5，MAD_MU_2.5，LR_MU_1.2 和 LRR_MU_1.2。EV_MCE 的 PDM 评估结果最好，其中 EV_MCE 的 PDM 评估结果小于 0.05%，要远远好于 IQR_MMT_1.5、MAD_MMT_2.5、LR_MMT_1.2 和 LRR_MMT_1.2。而在图 4-6（c）和（d）中针对 SLATAH 和 SLAV 的评估中，EV_MCE 的评估结果也是最好。

（2）Energy 评估：针对不同的计算节点过载判定算法，最优的能耗评估结果分别为 IQR_MU_1.5、MAD_MU_2.5、LR_MU_1.2，LRR_MU_1.2 和 EV_MCE。其中 EV_MCE 的评估结果比另外 4 种的差。EV_MCE 最终消耗了 130kW·h（表 4-7）。但是 EV_MCE 的实验结果仍好于文献［87］中 NPA（Non-Power Aware，大约消耗 2410.8kW·h）和 DVFS（大约消耗 824.51kW·h）。

（3）Migrations 和 ESV 评估：针对 Migrations 评估，迁移的数量越少越好。由图 4-6（b）可得，针对现有的不同的计算节点过载判定算法，最差的结果分别是 IQR_RS_1.5、MAD_RS_2.5、LR_RS_1.2 和 LR_MC_1.5，表现最好的是 LR_RS_1.2。相比于 LR_RS_1.2，EV_MCE 的迁移数量更少，表现更好。实验结果显示 EV_MCE 的迁移次数为 12217 次，而 LR_RS_1.2 的迁移次数则为 17916 次。而针对 ESV 的评估，由图 4-6（f）可得，针对现有的不同计算节点过载判定算法，最好的结果分别为 IQR_MMT_1.5、MAD_MMT_2.5、LR_MMT_1.2 和 LRR_MMT_1.2。其中 LRR_MMT_1.2 的评估结果 3.84 是最好的。相比于 LRR_MMT_1.2，EV_MCE 的表现更好，它的评估结果为 1.28。

最终结果如表 4-7 所示，在现有的计算节点过载判定和选择算法中，表现最好的是 IQR_MMT_1.5、MAD_MMT_2.5、LR_MMT_1.2 和 LRR_MMT_1.2。但是，由本节提出的 EV_MCE 在能效比的评估结果上远好于以上 4 种算法，在能耗上表现略差。

表 4-7　实验结果较好的虚拟机过载和选择算法对比

组合策略	ESV 10^{-3}	Energy （kW·h）	SLAV 10^{-5}	SLATAH %	PDM %	Migrations
IQR_MMT_1.5	7.31	117.17	6.27	5.33	0.12	29062
MAD_MMT_2.5	7.2	114.16	6.37	5.47	0.12	28454
LR_MMT_1.2	3.84	115.05	3.39	4.52	0.07	19856
LRR_MMT_1.2	4.8	114.7	4.26	5.0	0.08	21971
EV_MCE	1.28	130.01	0.99	2.41	0.04	12217

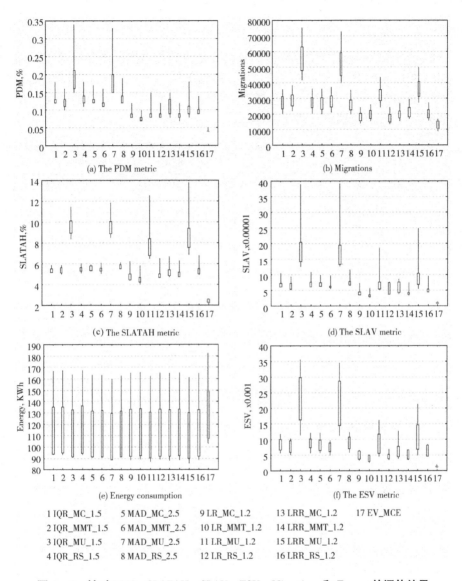

(a) The PDM metric

(b) Migrations

(c) The SLATAH metric

(d) The SLAV metric

(e) Energy consumption

(f) The ESV metric

1 IQR_MC_1.5	5 MAD_MC_2.5	9 LR_MC_1.2	13 LRR_MC_1.2	17 EV_MCE
2 IQR_MMT_1.5	6 MAD_MMT_2.5	10 LR_MMT_1.2	14 LRR_MMT_1.2	
3 IQR_MU_1.5	7 MAD_MU_2.5	11 LR_MU_1.2	15 LRR_MU_1.2	
4 IQR_RS_1.5	8 MAD_RS_2.5	12 LR_RS_1.2	16 LRR_RS_1.2	

图 4−6　针对 PDM、SLATAH、SLAV、ESV、Migrations 和 Energy 的评估结果

4.6.4　实验二：虚拟机融合框架

本实验旨在检验本书提出的虚拟机融合框架的性能。本节使用了 4 种
ODA 和 4 种 VMSA。因此共有 16 种 ODA 和 VMSA 的组合策略。依据文献

[88] 针对这 4 种组合策略给出的最优安全参数值，实验中分别赋予不同 ODA 相应的最优的安全参数值：IQR 的为 1.5、LR 的为 1.2、LRR 的为 1.2、MAD 的为 2.5。为了方便描述，本节分别使用一个相应的英文字母来表示这 16 种策略，如表 4 - 8 所示。

表 4 - 8　本节中使用的关于 ODA 和 VMSA 的 16 中组合的符号表示

组合策略	符号	组合策略	符号
IQR_MC_1.5	A	LRR_MC_1.2	I
IQR _MU_1.5	B	LRR _MU_1.2	J
IQR_MMT_1.5	C	LRR_MMT_1.2	K
IQR_RS_1.5	D	LRR _RS_1.2	L
LR_MC_1.2	E	MAD_MC_2.5	M
LR_MU_1.2	F	MAD_MU_2.5	N
LR_MMT_1.2	G	MAD_MMT_2.5	O
LR_RS_1.2	H	MAD_RS_2.5	P

1. 实验结果与分析

（1）SLATAH 评估：在图 4 - 7 中，使用 10 天的任务日志评估了 4 种虚拟机融合框架在 16 种组合策略下的实验结果。在该图的 4 个子图中，每个组合策略对应的是 10 个结果值，中空的部分占这 10 个结果值的 80%。为了更好地分析和对比实验结果，本节对每个组合策略对应的 10 个结果值求平均，每个平均值作为一种组合策略对应一种框架的评估值。因此易得 Origin 的最小和最大评估值分别为 5.5% 和 7.87%，SLAVDA 的分别为 4.1% 和 6.74%，MPMU 的分别为 2.66% 和 4.36%，而 SDAMU 的分别为 2.66% 和 4.36%。与 Origin 相比，SLAVDA 在 SLATAH 评估中针对每种组合策略下降了 25.4% 到 47.8%，而 MPMU 下降了 18.2% 到 42.8%，SDAMU 下降了 51.6% 到 66.2%。

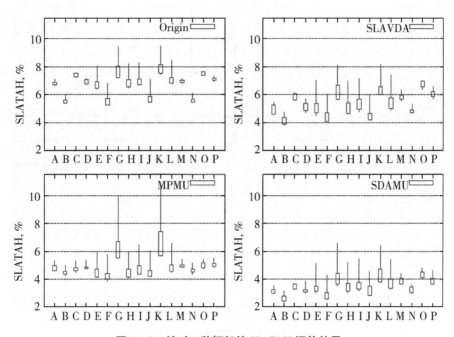

图 4-7　针对 4 种框架的 SLATAH 评估结果

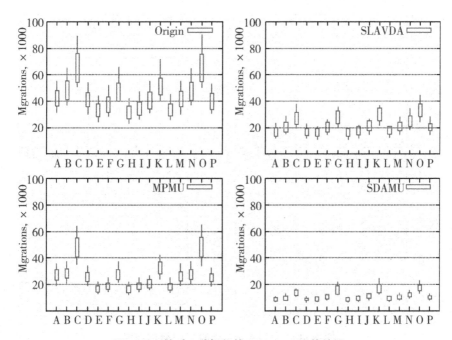

图 4-8　针对 4 种框架的 Migrations 评估结果

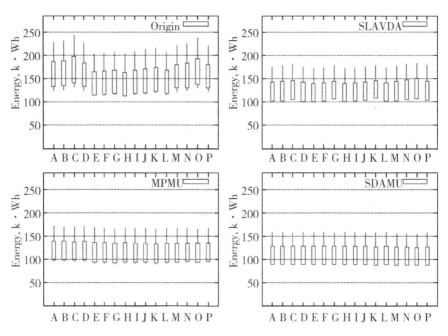

图 4 - 9　针对 4 种框架的 Energy 评估结果

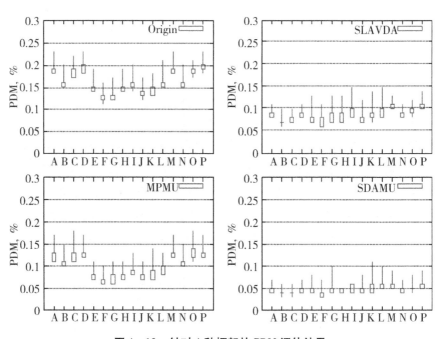

图 4 - 10　针对 4 种框架的 PDM 评估结果

（2）Migrations 评估：在图 4 - 8 中，Origin 的最小和最大评估值分别为 31701 和 65762，SLAVDA 分别为 15615 和 33417，MPMU 分别为 16383 和 47311，而 SDAMU 分别为 8466 和 17588。因此，相比于 Origin，SLAV-DA 在 Migrations 评估中针对每种组合策略下降了 33.3%～67.9%，MP-MU 下降了 10.8%～57%，而 SDAMU 下降了 68.4%～84.7%。

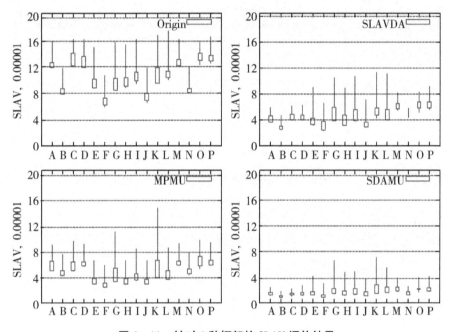

图 4 - 11　针对 4 种框架的 SLAV 评估结果

（3）Energy 评估：在图 4 - 9 中，Origin 的最小和最大评估值分别为 141. 933 kW·h 和 171. 444 kW·h，SLAVDA 分别为 121. 839 kW·h 和 129. 886 kW·h，MPMU 分别为 114. 875 kW·h 和 120. 463 kW·h，而 SDAMU 分别为 109. 125 kW·h 和 111. 965 kW·h。因此，相比于 Origin，针对每种组合策略，SLAVDA 在 Energy 评估中下降了 11. 8%～27%，MPMU 下降了 15. 2%～29. 8%，而 SDAMU 下降了 21. 2%～34. 7%。

（4）PDM 评估：在图 4 - 10 中，Origin 的最小和最大评估值分别为 0. 126% 和 0. 194%，SLAVDA 分别为 0. 072% 和 0. 109%，MPMU 分别为 0. 069% 和 0. 131%，而 SDAMU 分别为 0. 041% 和 0. 06%。因此，相比于

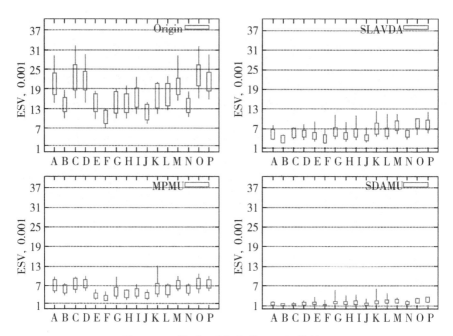

图 4 - 12   针对四种框架的 ESV 评估结果

Origin，针对每种组合策略，SLAVDA 在 PDM 评估中下降了 42.9% ～ 62.9%，MPMU 下降了 15.1% ～ 44.8%，而 SDAMU 下降了 67.5% ～ 78.9%。

（5）SLAV 评估：在图 4 - 11 中，Origin 的最小和最大评估值分别为 0.707‰和 1.379‰，SLAVDA 分别为 0.297‰和 0.663‰，MPMU 分别为 0.301‰和 0.655‰，而 SDAMU 分别为 0.11‰和 0.24‰。因此，相比于 Origin，针对每种组合策略，SLAVDA 在 SLAV 评估中下降了 57.9% ～ 78.4%，MPMU 下降了 31.5% ～ 64.9%，SDAMU 下降了 84.4% ～ 92%。

（6）ESV 评估：在图 4 - 12 中，Origin 的最小和最大评估值分别为 10.06‰和 23.25‰，SLAVDA 分别为 3.7‰和 8.34‰，MPMU 分别为 3.43‰和 7.56‰，而 SDAMU 分别为 1.22‰和 2.57‰。因此，相比于 Origin，针对每种组合策略，SLAVDA 在 ESV 评估中下降了 63.2% ～ 84.1%，MPMU 下降了 42.5% ～ 75.1%，SDAMU 下降了 87.8% ～ 94.7%。

2. **讨论**

下面通过讨论重设计框架产生低 SLAV 和低能耗的原因，为重设计的虚拟机融合框架应用于实际环境提供更合理的依据。

（1）产生低 SLAV 的原因：SLAV 评估指标是 SLATAH 和 PDM 的乘

积。而 PDM 与 Migrations 存在相应的关系［参考公式（4－29）］。为了更好地量化这种关系，本节从 10 天的任务日志中随机抽取 6 天的任务日志进行分析。如图 4－13 所示，在随机选取的 6 天任务日志中，随着 Migrations 的增加，PDM 伴随着剧烈的振荡进行缓慢的增长。由图 4－13 可得虚拟机迁移的数量是 PDM 增加的主因。另外，从公式（4－29）中也可以找出影响 PDM 的次因素，首先假设云数据中心的第 j 台虚拟机的总的迁移次数为 M_j，同时用符号 $C_{d_{i,j}}$ 表示第 j 台虚拟机在第 i 次迁移时的性能损失，$C_{t_{i,j}}$ 表示第 j 台虚拟机在第 i 次迁移时请求的 CPU 计算量；然后公式（4－29）可以转化为公式（4－32）。在公式（4－32）中，PDM 由 4 个因素决定：M_j，M，$C_{t_{i,j}}$ 和 C_{r_j}。其中，M_j 和 M 的乘积即为 Migrations，而对于同一份任务日志 $\sum_{j=1}^{M} C_{r_j}$ 是一个固定不变的量。显然，$C_{t_{i,j}}$ 是导致图 4－13 产生剧烈振荡的主要因素。因此，重设计框架之所以获得更低的 PDM，是因为进行了更少的虚拟机迁移和更小的平均每次虚拟机迁移请求的 CPU 计算量。

$$PDM = \frac{1}{M} \sum_{j=1}^{M} \sum_{i=1}^{M_j} \frac{C_{d_{i,j}}}{C_{r_j}} = \frac{1}{10M} \sum_{j=1}^{M} \sum_{i=1}^{M_j} \frac{C_{t_{i,j}}}{C_{r_j}} \qquad (4-32)$$

另外，在云数据中心中每一次虚拟机的迁移都会导致性能损失，进而导致所在的计算节点产生 SLA 冲突。由图 4－14 可得，随着 Migrations 的增加 SLATAH 也振荡递增，因此 Migrations 也是导致低 SLATAH 的主因。由公式（4－28）可得虚拟机的迁移时间是振荡的主因，虚拟机的迁移时间越长，SLATAH 会越大。而虚拟机的迁移时间取决于相应的内存大小，因此重设计框架之所以获得更低的 SLATAH 是因为进行了更少的虚拟机迁移和平均更小的虚拟机内存请求。而更低的 PDM 和 SLATAH 最终导致更低的 SLAV。

（2）产生低能耗的原因：SLAVDA 选择更少的虚拟机进行迁移，导致虚拟机融合框架中的 Step 3 的 EUH 数量减少，进而促进更多的虚拟机融合，最终关闭更多的计算节点，因此 SLAVDA 能够降低云数据中心的能耗。而 MPMU 可以直接减少 Step 3 的 EUH 的数量，因此也可以达到低能耗的目的。

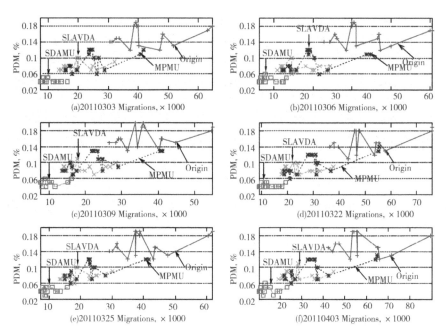

图 4-13　在 6 天任务日志中 PDM 同 Migrations 之间的关系

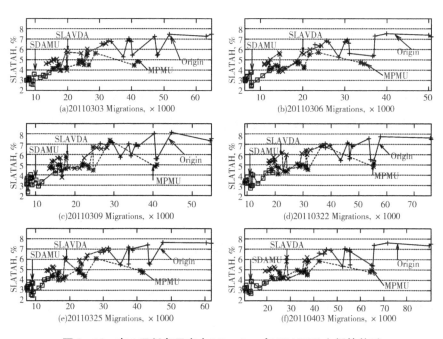

图 4-14　在 6 天任务日志中 Migrations 与 SLATAH 之间的关系

4.6.5　实验三：利用 VMModel 对融合框架的性能评估

本实验旨在检验本书提出的虚拟机融合框架的健壮性。尽管实验一显示本书提出的计算节点过载判定和选择算法获得了高的能效比，但是仍然具有高能耗特性。而实验二显示本书提出的虚拟机融合框架在所有评估指标上均优于现有的框架。因此本节利用 VMModel 针对效果更好的重设计的虚拟机融合框架进行性能评估。

（1）400 个节点的评测结果。本节针对虚拟机融合框架在 400 个节点下的 10 种不同的虚拟机数量进行性能评估。图 4 - 15 是实验的结果图，图中每个点代表 10 次评估结果的平均值（下同），记作一次评估值。

1）PDM 的评估，针对 Origin、SLAVDA、MPMU 和 SDAMU 的最小评估值为：0.125%、0.065%、0.065% 和 0.031%。而最大评估值为：0.201%、0.099%、0.168% 和 0.052%。相对于 Origin，重设计框架 SLAVDA、MPMU 和 SDAMU 在 PDM 的评估上分别降低了：48.3% ～ 67.8%、15.3% ～ 47.1% 和 75.6% ～ 84.8%。

2）Migrations 的评估，针对 Origin、SLAVDA、MPMU 和 SDAMU 的最小评估值为：17987、8384、9258 和 4318。而最大评估值为：38778、18267、31646 和 9508。相对于 Origin，重设计框架 SLAVDA、MPMU 和 SDAMU 在 Migrations 的评估上分别降低了：35.8% ～ 70.2%、8.6% ～ 57.5% 和 69.1% ～ 85.7%。

3）SLATAH 的评估，针对 Origin、SLAVDA、MPMU 和 SDAMU 的最小评估值为：5.51%、3.81%、3.98% 和 2.13%。而最大评估值为：8.07%、6.45%、6.95% 和 4.41%。相对于 Origin，重设计框架 SLAVDA、MPMU 和 SDAMU 在 SLATAH 的评估上分别降低了：30.8% ～ 52.7%、22.2% ～ 46.9% 和 61.4% ～ 73.7%。

4）SLAV 的评估，针对 Origin、SLAVDA、MPMU 和 SDAMU 的最小评估值为：6.9‰、2.49‰、2.58‰ 和 0.66‰。而最大评估值为：14.79‰、5.76‰、8.71‰ 和 2.04‰。相对于 Origin，重设计框架 SLAVDA、MPMU 和 SDAMU 在 SLAV 的评估上分别降低了：63.9% ～ 83.1%、34% ～ 69.2% 和 90.5% ～ 95.6%。

5）Energy 的评估，针对 Origin、SLAVDA、MPMU 和 SDAMU 的最小评估值为：83.15 kW·h、71.43kW·h、67.08kW·h 和 64.47kW·h。而最大评估值为：101.99 kW·h、75.87kW·h、71.36 kW·h 和 66.12 kW·h。相对于 Origin，重设计框架 SLAVDA、MPMU 和 SDAMU 在 Energy 的评估上分别降低了：12.2%～28.4%、14.4%～30.2%和20.8%～35.4%。

6）ESV 的评估，针对 Origin、SLAVDA、MPMU 和 SDAMU 的最小评估值为：5.9‰、1.91‰、1.8‰和0.45‰。而最大评估值为：14.99‰、4.48‰、6.16‰和1.35‰。相对于 Origin，重设计框架 SLAVDA、MPMU 和 SDAMU 在 ESV 的评估上分别降低了：67.6%～87.3%、43.9%～77.9%和92.4%～97%。

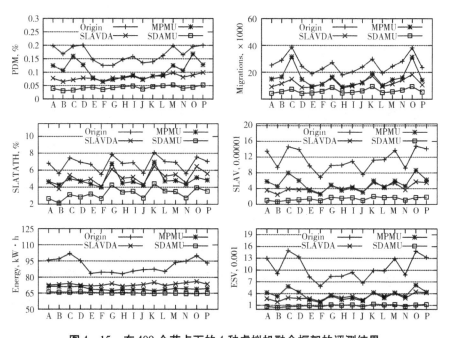

图 4-15　在 400 个节点下的 4 种虚拟机融合框架的评测结果

（2）1000 个节点的评测结果。本节针对虚拟机融合框架在 1000 个节点下的 10 种不同的虚拟机数量进行性能评估。图 4-16 是实验的结果图。

1）PDM 的评估，针对 Origin、SLAVDA、MPMU 和 SDAMU 的最小评估值为：0.13%、0.07%、0.07%和0.04%。而最大评估值为：0.20%、

0.12%、0.20%和0.06%。相对于 Origin，重设计框架 SLAVDA、MPMU 和 SDAMU 在 PDM 的评估上分别降低了：41.8%～62.7%、9%～41.8% 和 69.7%～80.6%。

2）Migrations 的评估，针对 Origin、SLAVDA、MPMU 和 SDAMU 的最小评估值为：36809、19049、18871 和 9650。而最大评估值为：76658、39430、67045 和 24021。相对于 Origin，重设计框架 SLAVDA、MPMU 和 SDAMU 在 Migrations 的评估上分别降低了：30.6%～66.7%、7.4%～55.5%和68.6%～84.9%。

3）SLATAH 的评估，针对 Origin、SLAVDA、MPMU 和 SDAMU 的最小评估值为：5.66%、4.31%、4.49% 和 2.74%。而最大评估值为：8.49%、6.89%、8.26% 和 4.78%。相对于 Origin，重设计框架 SLAV-DA、MPMU 和 SDAMU 在 SLATAH 的评估上分别降低了：23.8%～49.1%、16.5%～44.2%和51.7%～67.8%。

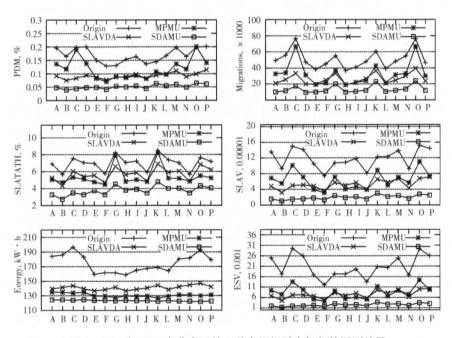

图 4-16　在 1000 个节点下的 4 种虚拟机融合框架的评测结果

4）SLAV 的评估，针对 Origin、SLAVDA、MPMU 和 SDAMU 的最小

评估值为：7.44‰、3.24‰、3.15‰ 和 1.07‰。而最大评估值为：15.19‰、7.14‰、11.05‰ 和 3.01‰。相对于 Origin，重设计框架 SLAVDA、MPMU 和 SDAMU 在 SLAV 的评估上分别降低了：56.5% ～ 78.7%、25.4% ～ 63.4% 和85.6% ～ 92.9%。

5）Energy 的评估，针对 Origin、SLAVDA、MPMU 和 SDAMU 的最小评估值：158.86 kW·h、136.64 kW·h、126.77 kW·h 和 121.64 kWh。而最大评估值为：196.56 kW·h、147.06 kW·h、134.95 kW·h 和 124.51 kW·h。相对于 Origin，重设计框架 SLAVDA、MPMU 和 SDAMU 在 Energy 的评估上分别降低了：11% ～ 28.1%、15.1% ～ 31.4% 和21.8% ～ 36.8%。

6）ESV 的评估，针对 Origin、SLAVDA、MPMU 和 SDAMU 的最小评估值为：12.06‰、4.59‰、4.10‰ 和 1.35‰。而最大评估值为：29.49‰、10.18‰、14.39‰ 和 3.74‰。相对于 Origin，重设计框架 SLAVDA、MPMU 和 SDAMU 在 ESV 的评估上分别降低了：62% ～ 84.4%、37.7% ～ 74.5% 和88.8% ～ 95.4%。

（3）1500 个节点的评测结果。本节针对虚拟机融合框架在 1500 个节点下的 10 种不同的虚拟机数量进行性能评估。图 4-17 是实验的结果图。

1）PDM 的评估，针对 Origin、SLAVDA、MPMU 和 SDAMU 的最小评估值为：0.13%、0.08%、0.07% 和 0.04%。而最大评估值为：0.20%、0.12%、0.21% 和0.08%。相对于 Origin，重设计框架 SLAVDA、MPMU 和 SDAMU 在 PDM 的评估上分别降低了：39.8% ～ 61.7%、4.1% ～ 38.9% 和66.5% ～ 78.7%。

2）Migrations 的评估，针对 Origin、SLAVDA、MPMU 和 SDAMU 的最小评估值为：63030、33667、33204 和 16805。而最大评估值为：131731、68744、116708 和 47965。相对于 Origin，重设计框架 SLAVDA、MPMU 和 SDAMU 在 Migrations 的评估上分别降低了：28.3% ～ 65.7%、2.6% ～ 53.4% 和69.1% ～ 85.2%。

3）SLATAH 的评估，针对 Origin、SLAVDA、MPMU 和 SDAMU 的最小评估值为：5.65%、4.42%、4.72% 和 3.04%。而最大评估值为：8.67%、7.11%、8.54% 和4.90%。相对于 Origin，重设计框架SLAVDA、MPMU 和 SDAMU 在 SLATAH 的评估上分别降低了：21.8% ～ 49%、12.4% ～ 42.9% 和46.2% ～ 64.9%。

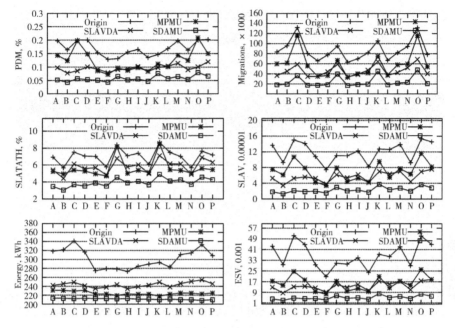

图 4-17 在 1500 个节点下的 4 种虚拟机融合框架的评测结果

4）SLAV 的评估，针对 Origin、SLAVDA、MPMU 和 SDAMU 的最小评估值为：7.45‰、3.43‰、3.44‰ 和 1.31‰。而最大评估值为：15.34‰、7.56‰、11.65‰ 和 3.73‰。相对于 Origin，重设计框架 SLAVDA、MPMU 和 SDAMU 在 SLAV 的评估上分别降低了：53.9% ～ 77.6%、17.8% ～ 60.1% 和 82.3% ～ 91.4%。

5）Energy 的评估，针对 Origin、SLAVDA、MPMU 和 SDAMU 的最小评估值为：273.51 kW·h、234.98 kW·h、217.81 kW·h 和 208.29 kW·h。而最大评估值为：340.91 kW·h、254.46 kW·h、231.37 kW·h 和 213.14 kW·h。相对于 Origin，重设计框架 SLAVDA、MPMU 和 SDAMU 在 Energy 的评估上分别降低了：10.2% ～ 27.9%、15.5% ～ 32.2% 和 22.2% ～ 37.5%。

6）ESV 的评估，针对 Origin、SLAVDA、MPMU 和 SDAMU 的最小评估值为：20.75‰、8.42‰、7.69‰ 和 2.82‰。而最大评估值为：51.39‰、18.63‰、26.06‰ 和 7.88‰。相对于 Origin，重设计框架 SLAVDA、MPMU 和 SDAMU 在 ESV 的评估上分别降低了：59.4% ～

83.6%、31.5% ～ 72.3% 和 86.4% ～ 94.5%。

（4）对 3 种规模云数据中心评测的结果分析。由以上的实验结果可知，重设计框架 SLAVDA、MPMU 以及 SDAMU 在 3 种规模的云数据中心中对 Energy、SLAV 以及 ESV3 个主要指标的评测结果显示，重设计框架对原框架 Origin 的优化力度大致相同。因此，重设计框架在不同规模的云数据中心上对任务模型中 CPU 使用率分布特性具有很好的优化作用。

4.7 本章小结

在云数据中心中通过优化虚拟机迁移的调度来降低能耗和 SLA 冲突是重要的研究点。因此，许多研究致力于通过优化虚拟机调度来降低云数据中心的能耗。这些研究中有基于仿真模型进行实验验证的、有基于实际环境进行验证的。基于实际环境进行验证的研究大多局限于云计算的规模和成本限制，无法对其提出的虚拟机调度策略进行大规模云环境下的评估和反复地验证。因此，为了使得实验可以重复地和在大规模云环境下进行验证评估，本书采用了基于仿真平台的实验来验证本书提出和优化的计算节点过载判定和虚拟机选择算法。最终的实验结果显示，相比于现有的虚拟机过载和选择算法，本书提出的虚拟机过载和选择算法获得了更好的能效比。

但是，上述针对能耗的虚拟机选择和判定算法优化的最终结果显示数据中心的能耗有增加的趋势。基于此以及现有虚拟机融合框架存在的问题，本书设计了一种基于能耗的启发式的虚拟机融合框架。首先，将云数据中心中计算节点的过载状态分为两种，即 OverS 和 OverNS，并设计了 SLAVDA 算法来判定 OverNS 是否伴有 SLA 冲突；然后本书改进了 MP 策略[88]，提出了 MPMU 策略；最后通过实际环境下的任务日志和 VMModel 对重设计框架进行了性能评估，评估结果显示重设计的虚拟机融合框架可以获得更低的能耗和能效比。

5. 基于任务运行时间预测的调度优化

在集群和网格环境下（CGE），调度器的调度策略多采用 FCFS，主要是因为 FCFS 的实现较简单[50]。但是，FCFS 会增加任务的等待时间，以及降低 CGE 的资源利用率（资源碎片化）。因此当前许多调度器倾向于采用回填调度来解决 FCFS 的资源碎片化和其较长的等待时间。回填是指由于当前资源无法满足第一个等待任务的资源请求，于是选择等待队列中资源请求更少的任务进行回填。潜在的问题是回填的任务可能会导致第一个任务永远无法执行，解决的方法就是在回填的时候对第一个任务进行资源预留，这种策略称为回填调度。第一个使用上述方法的回填调度策略是 EASY[35]。另外还有许多其他的回填调度策略，例如通过增加资源预留的任务个数的回填调度[43]、使用多个等待队列的回填调度[45][46]。但是大多数调度器（例如 Maui[50] 和 SGE[5]）仍采用经典的 EASY 进行调度。这主要是因为相比于采用简单方式的 EASY，采用复杂方式的其他回填调度在性能上的提升并不明显。

回填调度需要掌握任务的运行时间：通过任务的运行时间来决定什么时候进行资源预留，什么时候对队列中等待的任务进行回填。因此，回填调度需要用户为所有提交的任务分别提供一个任务运行时间的预测值（即任务的请求运行时间 JRR）。超过 JRR 的任务会被终止，以避免其延迟后面任务的执行。这样的设定是为了鼓励用户提供更准确的 JRR，因为准确的 JRR 会提高回填的效率，而过小的 JRR 会被终止。文献［43］指出用户给出的 JRR 经常存在很大的不准确性，且指出实际 CGE 中采集的任务日志 JRR 的平均准确度远低于 50%，而用户之所以提供不准确且偏大的 JRR 是为了确保任务不被强制终止。除了不准确外，用户还习惯选取整数时间作为 JRR，例如 1 小时、2 小时等。对于调度器，这样的选择会使其无法识别任务所具有的特性，进而无法高效回填。由于回填调度利用 JRR 进行回填，不准确的 JRR 会导致回填效率低下[51]。因此，如何利用系统获取的预测运行时间 SPR 代替 JRR 优化回填便成为一个关键问题。针对上述问题，本章的贡献如下：

（1）本书用排队理论描述了回填调度中 HRU 与 HRP 之间的关系模型。

（2）提出了一种利用平均加权方法来预测任务运行时间的调度优化策略。

（3）利用 BGIModel 产生的任务日志验证了所提优化策略的健壮性。

5.1 相关研究

Foster 等人[113]利用任务的队列、提交时间、JRR 等任务属性来定义一个任务，拥有相同任务属性的任务被认为是相同的，然后利用历史数据中相同的任务来预测提交任务。Iverson 等人[114]利用 K – 近邻算法来分类任务的历史数据，然后根据提交任务所在的类来进行预测。Maciej 等人[115]利用 DAG 图来描述一个任务，其中，节点表示任务 CPU 使用时间、边表示任务的通信开销，然后利用 DAG 来分类任务并进行预测。上述研究更多的是从整个历史数据来分类提交任务，但是最近的研究显示利用用户行为来分类任务的历史数据，然后再从相应用户的历史数据中选择相似任务来预测运行时间可以取得更好的性能。Glasner[116]首先依据用户的行为对历史数据进行分类，然后在分类后的数据中根据用户的行为模式来寻找相似任务并对提交任务做出预测。Alcaraz[117]利用 JRR、用户的行为等构建一个三元组 < A，B，C > 来描述提交任务，其中，A 代表任务、B 代表该 JRR、C 代表系统给出的运行时间预测值。

Feitelson 利用 EASY[35]对 JRR 的特征进行了相关的研究[43]，发现 JRR 在以一个固定的因子超出实际运行时间时，回填策略的表现最佳。而 Chiang[41]针对 JRR 对任务调度性能的影响进行了分析研究，研究结果显示，JRR 越准确，任务的标准响应时间[36]就越小、调度策略的性能表现就越好；反之，调度策略的性能表现就越差。Dan[48][49]发现随着许多研究者对任务负载各种特征建模的深入，以及对 JRR 的研究，JRR 已经成为任务负载的一个重要特征，JRR 的准确与否很大程度地影响了调度策略的性能。因此，Dan 针对不同用户的使用习惯，然后利用 JRR 进行了建模[48]。另外，Dan 通过分析 4 个不同的计算系统上的日志文件[9]发现用户提交的 JRR 存在固定的习惯，同时用户为了避免任务被杀死，均趋向于提交更大的 JRR。

在文献［50］中，Dan 利用区间 $[r, (f+1) r]$ 来表示 JRR，其中，r 为任务的请求运行时间，$f \geqslant 0$。Dan 发现随着任务的请求运行时间大于任务的实际运行时间时，调度器的性能表现为先变好然后变坏，这解释了 Feitelson 发现的不精确的 JRR 导致调度器的性能变好。同时也肯定了 Chiang 发现的精确的 JRR 可以提高调度器的性能。而在文献［51］中，Dan 利用文献［48］［49］中构建的 JRR 任务模型进行仿真。Dan 将该模型加入 EASY 回填调度策略中，称其为 EASY＋。仿真结果显示EASY＋降低了任务的平均等待时间和标准响应时间[36]，同时增加了 JRR 的准确度。在文献［57］［58］中，Smith 根据历史数据中拥有相似行为的任务来预测当前任务的运行时间，并取得了良好的效果。

5.2　存在的问题

在回填调度中，用户为了确保任务不被强制终止，往往倾向于提供更大的 JRR，同时还习惯选取整数时间作为 JRR。对于调度器，这样的选择会使其无法识别任务所具有的特性，进而无法高效调度。由于回填调度利用 JRR 进行回填，不准确的 JRR 会导致回填效率低下[51]。因此，如何利用系统的预测运行时间（SPR）代替 JRR 优化回填便成为一个关键性问题。

另外，利用 SPR 代替 JRR 进行回填存在两个主要难点：技术难点和使用难点。

（1）技术难点：简单地利用 SPR 代替 JRR 进行回填，很有可能会提前终止正在运行的任务，如文献［43］结论所讲的"SPR 代替 JRR 进行回填是不易实现的"。

（2）使用难点：现有的 SPR 方法很难在回填调度上实现，以文献［114］为例，其产生 SPR 的方法需要对历史数据进行反复训练获取，因此会增加调度器的计算负荷，进而阻碍即时调度。

5.3　针对运行时间预测的任务关系模型

刚性任务具有抢占特性，即任务在占有可用资源后其他任务必须等待，与排队论中服务者与被服务者之间的关系相同。因此，本书使用排队论来描述回填调度中任务同资源之间的关系模型。假设 $J = \{j_1, \cdots, j_a, \cdots, j_m\}$ 表示等待队列中的任务，其中下标表示等待的位置，$H = \{h_1, \cdots, h_b, \cdots, h_n\}$ 表示可用资源，$< j_a, h_b >$ 表示任务到资源的元调度映射。由于资源是抢占型的，因此该映射又可表示为 $< j_a, H >$。那么针对该类型任务调度的最终目的就是寻找所有任务到资源的元调度映射集 $\sum < j_a, H >$。如果寻找映射集的过程是从第一个位置按顺序进行，那么这种调度就是 FCFS；如果不按顺序寻找，那就是回填调度或回填调度的优化策略。而基于 JRR 的回填调度优化就是依据 J 的任务日志中关于 JRR 的历史数据，计算出当前 J 的 SPR，然后用 SPR 代替 JRR 对 J 进行回填的过程。因此，本书旨在通过寻找 SPR 来得出最优的元调度映射集 $\sum < j_a, H >$，即优化回填调度。

5.4　基于信任度的调度优化策略

针对现有问题和任务运行时间预测的关系模型，本书在现有调度策略的基础上提出了一种优化调度策略。即基于信任度的 JRR 调度优化，该调度优化策略是在文献［51］中的优化改进。为了保持策略的完整性，下面针对两个难点的整个解决过程进行描述。

5.4.1　SPR 代替 JRR 调度的实现

在回填中简单地用 SPR 代替 JRR，会导致任务被提前终止，由此可知 JRR 在回填中有两个作用：JRR 代表任务运行时间的预测值；JRR 代表任务的终止时间。因此，首先需对 JRR 的两个作用进行分离。然后利用 SPR 代替 JRR 的预测功能，JRR 仍然保持其作为终止时间的功能。最后利用任务的 SPR 对其进行回填，如果任务在 SPR 的时间内没有完成，则用 JRR 取代 SPR。但是，这样的代替仍然存在一个问题，当 SPR 代替 JRR 的预测功能时，回填调度会缩小资源预留窗口（文献［51］中的图 5 所示）。而当任务在 SPR 的时间内没有完成时，相应的资源预留窗口又会恢复到 JRR 作为预测功能时的状态，这就需要对队列内等待的任务进行重调度。重调度会增加元调度器的负担，增加不必要的开销。但是，由于 JRR 的低准确度使得这种情况发生的概率大大降低，同时也增加了该策略的可行性。

5.4.2 基于信任度生成 SPR 的策略

现有的 SPR 方法由于需要对历史数据进行反复训练获取，因此会增加调度器的计算负担。针对这一问题，Dan 提出了一种无须反复训练的 SPR 方法：利用同一用户最近提交的两个任务的实际运行时间的平均值来获取 SPR。该方法无须进行反复训练即可获取，因此降低了调度器的计算负担。

由 BGIModel 的分析结果可知，BGI 计算系统中的任务队列是按照部门职能进行划分的，因此单个队列上运行的任务存在很大的相似性，正是这种相似性使得针对队列进行任务运行时间的预测成为可能。因此，本书提出一种无须反复训练的基于用户（队列）信任度生成 SPR 的方法：用户第一次提交任务 JRR 的时候，给予用户百分百的信任度，并将其赋值给 SPR。如果任务执行结束的时间早于或者晚于 SPR，那就依照加权平均的方法降低用户的信任度，然后更新任务的信任度。加权平均就是对任务上一次的信任度和当前的信任度给予不同的权值，当前信任度给予较高的权重。当下一次该用户再次提交任务的时候，依据上一次的信任度计算出 SPR，然后用 SPR 代替 JRR 进行回填。如果任务的实际运行时间超过 SPR，则将 JRR 代替 SPR，调度器进行重调度，并利用 JRR 来更新用户的信任度；如果任务的实际运行时间小于 SPR，则用 SPR 来更新用户的信任度。最后如果仍有该用户的任务提交，则重复上述步骤更新信任度。

5.5 基于信任度的调度优化算法

5.5.1 SPR 代替 JRR 调度的算法

相比于 EASY，其他回填调度存在高复杂度和性能提升不明显的缺陷，因此本书选用 EASY 来作为实现现有策略和优化策略的调度平台。为了便于描述，将现有策略简记为 Tsafrir，优化策略简记为 Trust。假设 reserve，backfill，schedule 和 reschedule 分别代表 EASY 的预留，回填，调度和重调度接口。j_w 表示队列中等待的任务，Jrr、Spr、Run 和表示可以获取任务 JRR，SPR 和实际运行时间的映射函数。则 SPR 代替 JRR 调度策略的伪代码描述如图 5-1。

输入：$Jrr, Spr, Run, J = \{j_1, \cdots, j_a, \cdots, j_m\}, j_w$ 和 EASY

过程：

| EASY. reserve(j_w); Choose $j_a (<j_w)$ from J;

| JRR = $Jrr(j_a)$; SPR = $Spr(j_a)$;

| EASY. backfill(j_a) with SPR;

| IF$Run(j_a)$ > SPR THEN

| | SPR = JRR; EASY. reschedule();

| END

| EASY. schedule(j_w);

图 5-1　SPR 代替 JRR 调度的伪代码

5.5.2　基于信任度生成 SPR 的算法

为了便于对基于信任度生成 SPR 的策略进行描述，r 代表任务的实际运行时间，trust 代表用户的信任值，last_trust 代表用户的上一次信任值，w 代表权重。则本书的 SPR 方法的流程如下：

（1）当用户第一次为使用的任务提供 JRR 时，元调度器给予完全的信任，即按照用户提供的时间来进行调度。当用户的第一个任务运行完成以后，元调度器记录任务的 r。然后调度器通过表达式 r/JRR 来计算用户的信任值 trust。

（2）如果用户不是第一次运行任务，那么元调度器读取用户的上一次信任值 last_trust。然后通过表达式 last_trust $\times$ JRR 得出一个 SPR。如果 SPR 小于 r，或者大于 JRR，那么将 JRR 赋值给 SPR。

（3）最后可以得到一个 SPR。然后元调度器通过表达式 last_trust $\times (1 - w) + (r/\mathrm{JRR}) \times w$ 计算出当前提交任务的用户信任值 trust，其中 w 是一个固定的权值（$w \in [0, 1]$）。

基于信任度生成 SPR 的伪代码如图 5-2 所示。

```
输入：r,JRR,last_ trust,w。
输出：trust,SPR。
过程：
FOR u IN Users
|  IF u does not exist THEN
|  |  SPR = JRR; trust = r/JRR;
|  ELSE
|  |  SPR = last_ trust × JRR;
|  |  IF SPR < r THEN
|  |  |  = SPR × C;
|  |  END
|  |  IF SPR < r OR SPR > JRR THEN
|  |  |  SPR = JRR;
|  |  END
|  |  trust = last_ trust × (1 - w) + (r/JRR) × w;
|  |  IF trust > 1 THEN
|  |  |  trust = 1;
|  |  END
|  END
END
```

图 5-2　基于信任度生成 SPR 的伪代码

5.6　实验及性能分析

5.6.1　实验平台

本书的目的旨在评估 Trust 方法和 Tsafrir 方法。为了进行大规模的重复性实验，利用仿真进行性能评估成为一个较好的选择。本书使用由澳大利亚墨尔本大学的 GRIDs 实验室开发的 GridSim 作为仿真平台进行实验。数据从华南理工大学广东省网络重点实验室的集群 sun blade 6000 中获得，集群包括 1 个主节点和 4 个子节点，每个节点配置两个 Dual-core AMD Opteron(tm) Processor 2218 2.6 GHz，8G 的 DDR2 内存，160G 的 SATA 接口硬盘。

本节进行两个实验，实验一用于检验 Trust 与 Tsafrir 的性能，实验二利用 BGI 日志和 BGIModel 来检验 Trust 的健壮性。

1. 实验一的仿真平台设计

为了评估 Trust 方法的性能，实验中使用了 3 种不同的任务日志，如表 5 –1 所示[9]。3 种日志从不同的地点使用不同的系统采集而来，且 3 种日志的任务负载均不相同。表 5 –1 中 3 个日志文件使用的是由网站 [9] 建议的经过过滤的日志文件。这 3 份日志文件均采自高性能计算环境下，且每个任务都有一个 JRR。在 GridSim 中依据各个任务日志使用的处理器的上限来构建一个相应规模的资源池。同时，利用任务日志中不经过改动的 JRR 进行回填的方法简记为 Origin。

表 5 –1　实验中使用的三份不同的日志

日志简称	日志提供的集群	CPUs	任务数	负载（%）
CTC-SP2	Cornell Theory Center	430	77222	66.2
SDSC-SP2	San Diego Supercomputer Center	128	59725	82.7
SDSC-BLUE	San Diego Supercomputer Center	1152	243314	76.3

2. 实验二的仿真平台设计

原有的生物基因测序（BGI）日志的任务中没有 JRR，而回填调度需要 JRR。因此，本节利用 BGI 日志以及 BGIModel 和文献［48］的 JRR 任务模型来生成任务日志，分别标记为 OriginLog 和 ModelLog（如图 5-3 所示），然后利用生成的任务日志对 Trust 进行性能评估。

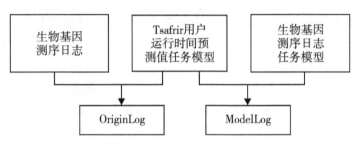

图 5-3　任务日志的产生过程

考虑到 OriginLog 中生物基因测序日志采集的集群规模环境以及集群中 CPU 使用率的状况（约 20%），本节构建了一个 128 个计算节点，每个计算节点 10 个内核，每个内核的频率为 2660 MHz（即 Load = 1.0 情况下的集群规模）的网格资源池。而针对 ModelLog 中的 BGIModel，由于该任务模型具有伸缩特性，可以产生不同 Load 情况下的任务日志，本节构建了 Load = 0.5、0.8、1.0、1.2、1.4、1.6、1.8，以及 2.0 情况下的资源池。每个资源池均有 128 个计算节点，每个计算节点的内核数依 Load 的大小进行改变，例如 Load = 0.5 的内核数为 5（10 × 0.5 = 5），每个内核的频率为 2660 MHz。

5.6.2　评估指标

本书采用文献［51］中的评估指标来评估 Trust，评测的性能主要包括 Accuracy、平均等待时间和 Blsd（Bounded slowdown）。Accuracy 评估的是 JRR 和 SPR 的准确度。平均等待时间是指所有提交到元调度器的任务等待时间的平均值。Blsd 是任务的标准响应时间，响应时间是任务等待时间与其运行时间的总和，而 Blsd 是响应时间与运行时间之间的比值。Blsd 反映任务的运行时间与等待时间之间的比值是否合理，可以公平地衡量响应时间大小不一的任务[44]。假定 T_e、T_w 和 T_r 分别为 JRR、等待时间和实际运行时间。下面对这 3 种评估指标进行描述。

Accuracy 的评估：如公式（5 – 1）所示，当 T_r 小于 T_e 时，将 T_r/T_e 赋值给 Acc；如果 T_e 小于 T_r，则将 T_e/T_r 赋值给 Acc。公式（5 – 1）可以避免准确度大于 1，同时也表明 Acc 越接近 1，预测算法的预测准确度越高。

平均等待时间的评估：可以通过公式（5 – 2）计算出任务的平均等待时间。任务的等待时间反映的是任务接受服务的快慢程度，同时也直观地反映了计算资源对任务的可用情况：当任务等待时间短时，说明可用于计算的资源充足；等待时间长时，说明可以用于计算的资源较少。

Blsd 的评估：首先将标准响应时间标记为 Blsd，标准响应时间等于响应时间与运行时间的比值，可通过公式（5 – 3）计算出 Blsd。在公式（5 – 3）中，当 T_r 小于 10 s 时，Blsd 由响应时间比上 10 s 获得；Blsd 应该大于等于 1，如果小于 1，则将 1 赋给 Blsd。相比于平均等待时间，Blsd 可以更公平地评估不同任务运行时间的响应速度。

$$Acc = \begin{cases} T_r/T_e & T_e \geqslant T_r \\ T_e/T_r & T_e/T_r \end{cases} \qquad (5-1)$$

$$AvgWait = \frac{1}{n}\sum T_w \qquad (5-2)$$

$$Blsd = \max\left(1, \frac{T_w + T_r}{\max(10s, T_r)}\right) \qquad (5-3)$$

5.6.3　实验一：基于信任度的调度优化策略

1. Accuracy 评估

针对任务预测时间的准确度评估可以很好地反映算法的优劣，预测的准确度越高，越能优化回填调度，因为错误的预测会影响回填的效率[51]。图 5 – 4 是 3 种算法对 3 份日志中用户任务运行时间的准确度评估。实验中设置 Trust 的两个参数 $w = 0.8$，$C = 2.0$。在表 5 – 2 中，Tsafrir 和 Trust 在对任务运行时间的准确度评估上都有明显的提高，Tsafrir 预测准确度平均提高了 46.9%，而 Trust 平均提高了 65.4%。因此，相对于 Tsafrir，

Trust 的预测准确度平均提高了 18.5% 。

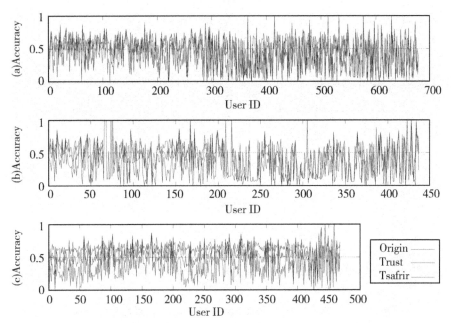

图 5 - 4   Origin，Tsafrir 和 Trust 对三份日志中用户任务运行时间的准确度评估
注：（a）（b）（c）分别代表 CTC-SP2、SDSC-SP2、SDSC-BLUE 日志。

表 5 - 2   Origin，Tsafrir 和 Trust 对三份不同日志预测准确度的对比情况

Traces & Average	Accuracy				
	Origin	Tsafrir		Trust （$w = 0.8$）	
	Mean	Mean	Imp.（%）	Mean	Imp.（%）
CTC-SP2	0.342	0.485	+41.8	0.531	+55.3
SDSC-SP2	0.289	0.435	+50.5	0.478	+64.0
SDSC-BLUE	0.361	0.536	+48.5	0.639	+77.0
Average	0.331	0.485	+46.9	0.549	+65.4

注：Mean 是预测准确度的期望值，Imp. 是性能改进的百分比。

同时，为了更好地了解 Trust 在任务运行时间预测上的准确程度，本书将仿真实验结果中每个任务运行的时间的预测准确度细分为 3 个不同的

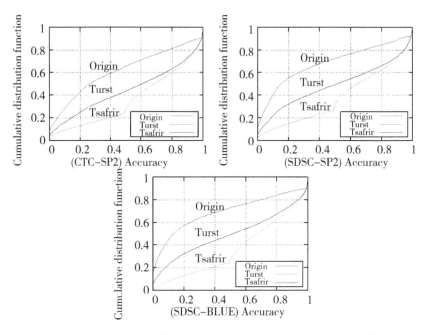

图 5-5　3 种方法对三份日志中运行时间预测的准确度分布情况

区间。同时对比 3 种方法在这 3 个不同准确度区间内任务运行时间的分布情况。将预测准确度区间分成 [0,0.4]，[0.4,0.6] 和 [0.6,1] 3 个区间，可得图 5-5 和表 5-3。相对于 Origin 在区间 [0.4,1] 内的平均准确度，Trust 和 Tsafrir 分别提高了 43.7% 和 23.3%，而 Trust 和 Tsafrir 在区间 [0.6,1] 提高的百分比分别为 30.8% 和 21.9%。相对于 Tsafrir 在区间 [0.4,1] 和 [0.6,1] 内的准确度，Trust 分别提高了 20.4% 和 8.9%。

表 5-3　3 种算法对三份日志中运行时间预测的准确度分布情况

日志及平均值	Origin（Accuracy%）			Tsafrir（Accuracy%）			Trust（Accuracy%）		
	0-0.4	0.4-0.6	0.6-1	0-0.4	0.4-0.6	0.6-1	0-0.4	0.4-0.6	0.6-1
CTC-SP2	59.1	12.1	28.8	37.7	12	50.3	20.2	22.1	57.7
SDSC-SP2	67.8	8.9	23.3	44.2	10.3	45.5	23.3	23.2	53.5
SDSC-BLUE	68.9	7.7	23.4	44.1	10.4	45.5	21.3	21.8	56.9

续表 5 - 3

日志及平均值	Origin（Accuracy%）			Tsafrir（Accuracy%）			Trust（Accuracy%）		
	0 - 0.4	0.4 - 0.6	0.6 - 1	0 - 0.4	0.4 - 0.6	0.6 - 1	0 - 0.4	0.4 - 0.6	0.6 - 1
平均值	65.3	9.57	25.2	42	10.9	47.1	21.6	22.4	56.0

2. 平均等待时间和 Blsd 的评估

表 5 - 4 是回填调度利用 Origin，Tsafrir 和 Trust 进行调度获得的运行结果。在表 5 - 4 中，随着任务运行时间预测准确度的提高，3 份日志的平均等待时间和 Blsd 开始下降。其中 Tsafrir 和 Trust 的平均等待时间的平均值分别为 291.3 min 和 248.1 min，相对于 Tsafrir，Trust 平均降低了约 43 min。而 Tsafrir 和 Trust 的平均 Blsd 分别为 59.1 和 50.8，相对于 Tsafrir，Trust 平均降低了 8.3。

表 5 - 4　3 种任务运行时间预测算法在平均等待时间和 Blsd 上的对比

日志及平均值	AvgWait（min）			Blsd		
	Origin	Tsafrir	Trust	Origin	Tsafrir	Trust
CTC-SP2	358.9	338.4	274.8	71.7	58.3	44.2
SDSC-SP2	432	399.3	346.2	104.2	87.3	80.7
SDSC-BLUE	145.9	136.3	123.2	39.6	31.8	27.5
平均值	312.3	291.3	248.1	71.8	59.1	50.8

5.6.4　实验二：利用 BGI 日志和 BGIModel 的性能评估

1. 实验与结果分析

（1）针对 OriginLog 的实验结果与分析。考虑到回填的复杂度以及 OriginLog 中任务记录数目的问题，本节将 OriginLog 依据 50000 条任务记录数目进行分割，分割后的 OriginLog 共有 100 份，然后对每一份进行 FCFS、Tsafrir以及 Trust 的性能评估，其中 FCFS 是原日志采用的调度策略。由于针对这 100 份日志的实验结果在等待时间和 Blsd 上存在很大差距，因此为了使实验结果易于辨别，本节将实验结果进行标准化处理，例如 LogID 为 48 的任务日志的 FCFS、Tsafrir 以及 Trust 的等待时间的评估结果分别为 80. 501 min、68. 672 min 和 58. 427 min，那么标准化的实验结果分别为 100 min、85. 406 min 和 72. 580 min。标准化的实验结果如图 5 - 6 所示。

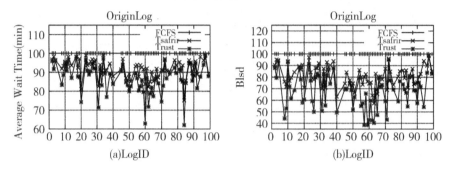

图 5 - 6   OriginLog 的标准化等待时间和标准化 Blsd 的评估结果

图 5 - 6 中过滤掉了所有在 FCFS 评估下的等待时间为 0 s 的任务日志，因为这些任务日志不存在优化的空间。由图 5 - 6 中可以得出，Tsafrir 在对 OrignLog 的等待时间和 Blsd 评估上优于 FCFS，而 Trust 对 OriginLog 的等待时间和 Blsd 的评估上优于 FCFS 和 Tsafrir。图 5 - 6 是 FCFS、Tsafrir 和 Trust 对 OriginLog 的等待时间和 Blsd 的平均评估结果，即对所有日志评估结果的等待时间和 Blsd 求平均值所得。由表 5 - 5 可得，FCFS 的平均等待时间为 147. 3 min，Tsafrir 的为 132. 5 min，下降了 10%，而 Trust 的为 118. 3 min，下降了 19. 7%；FCFS 的平均 Blsd 为 214. 6，Tsafrir 的为 167. 6，下降了 21. 9%，而 Trust 的为 121. 3，下降了 43. 5%。

表 5 - 5   利用 FCFS、Tsafrir 和 Trust 对 OriginLog 的等待时间（min）和 Blsd 的评估结果

策略\指标	FCFS	Tsafrir	&Dec. Pct.	Trust	&Dec. Pct.
AvgWait	147. 3	132. 5	10%	118. 3	19. 7%
Blsd	214. 6	167. 6	21. 9%	121. 3	43. 5%

（2）针对 ModelLog 的实验结果。为了说明 Trust 在不同集群规模下对生物基因测序日志的优化作用，本节生成了 Load＝0.5、0.8、1.0、1.2、1.4、1.6、1.8 和 2.0 的 ModelLog 对 FCFS、Tsafrir 以及 Trust 进行性能评估。针对每一个 Load 生成 100 份任务日志。同时，为了使实验结果在图中易于辨别，对实验结果进行标准化处理，最后标准化结果如图 5 – 7 和图 5 – 8 所示。

表 5 – 6 和表 5 – 7 是 FCFS、Tsafrir 和 Trust 对 ModelLog 在不同 Load 下的实验评估结果。由表 5 – 6 和图 5 – 7 可以得出，在 ModelLog 中随着 Load 的增大，FCFS 的任务的平均等待时间逐渐减小，Tsafrir 对相应的任务的平均等待时间的优化力度逐渐减小，Trust 对相应的任务的平均等待时间的优化力度也逐渐减小，但是远高于 Tsafrir 的优化力度。由表 5 – 7 和图 5 – 8 可得，在 ModelLog 中随着 Load 的增大，FCFS 的任务的平均 Blsd 逐渐减小，Tsafrir 对相应的任务的平均 Blsd 的优化力度逐渐减小，Trust 对相应的任务的平均 Blsd 的优化力度也逐渐减小，但是远高于 Tsafrir 的优化力度。

（3）ModelLog 实验结果分析。首先将数据中心的规模标记为 S，数据中心规模的增长速度标记为 S'；将 ModelLog 任务日志的单位时间的平均任务到达数目标记为 R，而 R 的增长速度标记为 R'。依据图 5 – 3 任务日志的产生流程，不同规模数据中心运行的任务日志的单位时间到达的平均任务数目不同。假设 Load＝0.5 的数据中心的平均任务到达数目为 R＝0.5，那么 Load＝1 的数据中心的平均任务到达数目则为 R＝1。即随着数据中心的规模的增加，任务日志的平均到达的任务数目也按照相同的速度增加。另外，易知任务的平均等待时间和 Blsd 正比于 R，与 S 成反比，即当 R 固定不变时，S 的增大会导致平均等待时间和 Blsd 减小；而 S 固定不变时，R 的增大会导致平均等待时间和 Blsd 的增大。

而对 ModelLog 的实验结果（表 5 – 6 和表 5 – 7）显示当 S 和 R 以相同速度（S'＝R'）增加时，任务的平均等待时间和 Blsd 在逐渐减小。而任务的平均等待时间和 Blsd 反映的是数据中心对任务的服务水平，这两个标准的评估结果越小，说明服务水平越高。因此，实验结果说明在保持数据中心对任务的服务水平不变的前提下，有 $R'>S'$，即如果数据中心 S 的规模增加速度为 1，那么数据中心单位时间内能够服务的任务数目的增加速度则大于 1。即在保持服务水平不变的情况下，公式（5 – 4）成立。

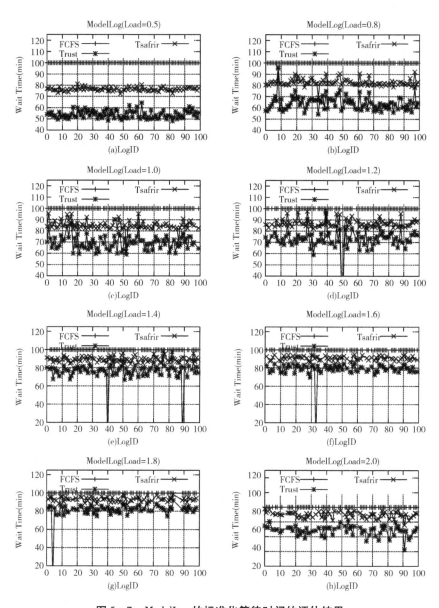

图 5 - 7　ModelLog 的标准化等待时间的评估结果

同时，表 5 - 6 和表 5 - 7 显示，随着 S 和 R 的增加，Tsafrir 和 Trust 对 FCFS 的优化力度在减弱，这是因为当 S 和 R 以同样的速度（$S' = R'$）增

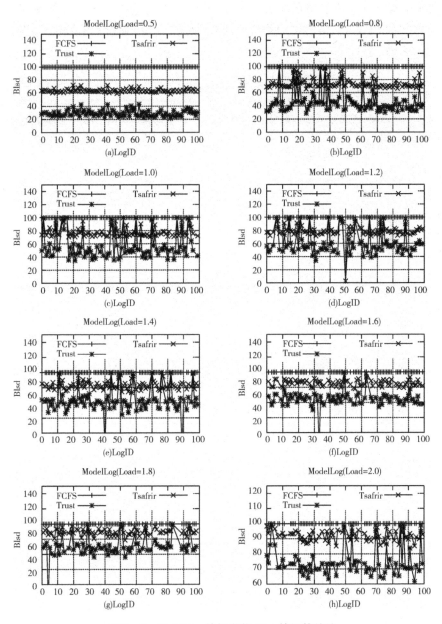

图 5 - 8　ModelLog 的标准化 Blsd 的评估结果

加时，数据中心对任务的服务水平在提高，进而导致 FCFS 更低的平均等待时间和 Blsd，而低的平均等待时间和 Blsd 缩小了 Tsafrir 和 Trust 可以优化的空间。

$$S^a \propto R(a > 1) \qquad (5-4)$$

表 5-6　利用 FCFS、Tsafrir 和 Trust 对 ModelLog 的平均等待时间（min）的评估结果

规模 \ 策略	FCFS	Tsafrir	&Dec. Pct.	Trust	&Dec. Pct.
0.5	560.7	429.9	23.5%	308.6	46%
0.8	411.9	337.5	17.2%	265.7	35.7%
1.0	293.3	247.7	15.4%	205.7	30.3%
1.2	203.3	199.1	13.8%	170.4	27.2%
1.4	165.4	147.9	10.4%	124.8	24.4%
1.6	156.2	145.2	9.0%	126.7	21.5%
1.8	93.9	91.3	6.8%	80.5	18.9%
2.0	76.8	73.1	7.6%	65.4	15.9%

表 5-7　利用 FCFS、Tsafrir 和 Trust 对 ModelLog 的平均 Blsd 的评估结果

规模 \ 策略	FCFS	Tsafrir	&Dec. Pct.	Trust	&Dec. Pct.
0.5	1623.2	1031.2	36.5%	482.8	70.3%
0.8	1194.3	846.6	29.1%	500.7	58.1%
1.0	849.5	634.4	25.3%	422.9	50.2%
1.2	667.5	519.5	22.2%	368.8	44.7%
1.4	479.9	396.1	17.5%	285.4	40.5%
1.6	453.5	394.9	12.9%	298.2	34.2%
1.8	272.7	252.6	7.4%	193.5	29%
2.0	222.7	204.6	8.1%	160.3	28%

2. 讨论

由上一节的分析可知 BGI 日志产生的结果与 BGIModel（Load = 1.0）存在较大的偏差。为何会存在这种偏差？首先，CGE 环境下系统的负载取决于任务提交的速度、任务的并行尺寸和任务的运行时间。由 BGIModel 的任务评测可知，BGIModel 产生的任务的并行尺寸和运行时间同 BGI 日志的分布是非常接近的，但是任务提交的时间间隔存在较大的偏差，这主要是因为原日志中任务时间间隔的样本点非常大，导致现有的 BGIModel 无法在任务时间间隔上准确生成同 BGI 日志一致的分布；这也导致了 BGIModel 日志与 BGI 日志在系统负载上的巨大偏差。

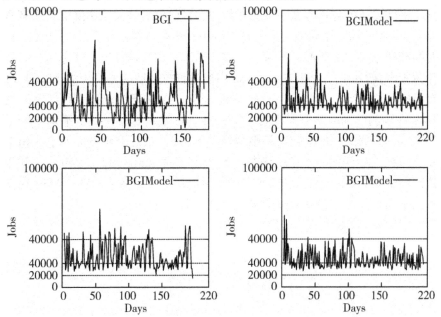

图 5 - 9 BGIModel 日志同 BGI 日志每天任务到达数的对比

为了找出上述情况的原因，本书对比了 BGIModel 日志同 BGI 日志每天任务到达数之间的差距。图 5 - 9 是对比的结果。由图 5 - 9 可得，BGIModel 每天的任务数主要分布在 10000 ～ 40000，而 BGI 每天的任务数目也主要分布在 10000 ～ 40000。BGI 在这个区间的比重为 64.5%，小于 10000 的比重为 19.3%，大于 40000 的比重为 16.2%。而 BGIModel 在这

3 个区间的平均比重分别为 93.2%、0% 和 6.8%。这是因为分析性模型描述的是日志的一种期望行为，而对于偏离期望行为较远的异常数值的拟合会出现较大的偏差（Workload Flurries）[125]。文献 [125] 指出解决这种偏差的主要方法就是对日志中偏差大的数值进行单独分析模拟。

5.7 本章小结

针对刚性任务的抢占特性（任务间不可共享资源），本书提出使用排队论来描述任务与资源之间的关系模型，目前针对该关系模型的调度策略有 FCFS 和回填。然后利用生物基因测序日志任务模型中队列与任务运行时间和任务尺寸之间的关系特性，提出了基于用户信任度的任务运行时间预测策略（Trust），接着在 GridSim 中通过日志驱动的方式评估 Trust 与现有策略（Tsafrir）的优劣。实验结果显示，相对于 Tsafrir，本章提出的 Trust 在预测准确度上平均提高了 18.5%，在平均等待时间上平均下降了约 43 min，同时标准响应时间平均降低了 8.3。最后利用 BGI 日志，BGI-Model 和文献 [48] 的 JRR 任务模型产生了 OriginLog 和 ModelLog，利用这两种日志对 Tsafrir 以及 Trust 进行了性能评估，评估结果显示 Trust 在任务的平均等待时间和 Blsd 的优化力度上远优于 Tsafrir。

总结与展望

工作总结

　　随着高性能计算和云计算的快速发展，高性能计算系统中的任务规模也呈现快速的增长。尽管通过扩大系统的规模可以应付大规模的任务，但是大规模的计算系统需要昂贵的 IT 设施和高的能耗，因此这不是有效的解决方法。有效的解决方法是通过高效的任务调度来提高计算系统资源的利用率。在高性能计算和云计算中，任务调度是任务到资源的关系映射，而任务对资源的使用产生任务日志。因此，通过任务日志的分析和建模可以深入挖掘任务调度的性能特征，从而提出优化的调度策略来改善调度性能。基于此，本书研究了高性能环境下基于日志的任务建模及调度优化，主要研究内容如下。

　　（1）基于任务日志的任务建模。

　　1）首先，通过基于任务日志的任务建模的相关研究构建出任务建模的通用性框架。通用性框架以最原始的日志文件为输入，将其转化为标准的任务格式，并将标准格式分为可塑性任务和刚性任务。按照目标需要对任务日志中相应的任务属性进行分析，找出合适的概率分布拟合方法，然后依据相应的任务日志计算出拟合方法的各项参数值。接着合并各项任务属性的拟合方法为最终的任务模型，来产生与实际环境一致分布的任务负载。最后，利用通用性框架对可塑性任务日志和刚性任务日志的任务属性分析方法进行了描述。

　　2）利用通用性任务建模框架对实际环境的可塑性任务日志虚拟机

CPU 使用率的日志文件进行分析，发现在实际环境中的单个虚拟机的 CPU 使用率呈现正态分布，而每个虚拟机 CPU 使用率的期望值则呈现指数分布。依据这两种特性，本书通过合适的概率分布拟合出虚拟机 CPU 使用率的期望值，然后再通过正态分布产生单个虚拟机的 CPU 使用率的分布，进而产生 CPU 使用率的任务负载。最终通过通用的评测方法对本书构建的基于 CPU 使用率的任务模型进行了评估，验证 CPU 使用率任务模型的通用性。

3）利用通用性任务建模框架对实际高性能计算环境下刚性任务日志生物基因测序日志文件的任务到达时间、任务运行时间、任务并行尺寸，以及任务的队列特性进行了分析。分析结果发现，任务日志中的任务提交时间呈现工作日周期性和节假日周期性，任务的队列使用习惯中任务的日任务到达数目存在指数分布特征，而任务的并行尺寸与任务的运行时间均具有长尾分布特征。然后将分析结果用合适的数学语言进行描述，进而构建出任务的日周期模型、任务的队列模型、任务的并行尺寸与任务运行时间模型。最后将这 3 个模型合并。评测结果显示，本书基于生物基因测序的任务模型可以产生与实际环境中任务提交时间、任务使用的队列、任务的并行尺寸和任务的运行时间一致的分布，且该模型具有很强的伸缩性。

（2）针对可塑性任务对资源的非抢占特性（任务之间可共享资源），本书提出使用一维装箱问题来描述虚拟机迁移中虚拟机与资源之间的关系模型，同时用能耗约束该关系模型。然后针对该关系模型的现有调度策略提出两种优化调度策略。

1）虚拟机迁移是因为云数据中心的计算节点过载导致 SLA 冲突，这就需要合适的方法来判定计算节点是否过载，然后选择合适的虚拟机进行迁移。针对现有的计算节点过载判定和虚拟机选择算法，本书利用虚拟机 CPU 使用率任务模型中虚拟机 CPU 使用率近似服从正态分布特性，提出了一种新的过载判定和选择方法。首先，在虚拟机的过载判定阶段，通过计算节点上的虚拟机的 CPU 使用率的期望值和标准差来判定计算节点是否过载；然后在虚拟机的选择阶段，通过最小正相关系数选择过载计算节点上的虚拟机进行迁移；最后，完成虚拟机的融合，关闭不必要的计算节点，获得更高的能效比。实验结果显示，现有的过载判定和选择算法获得的最好能效比为 3.84，而本书提出的过载判定和选择算法的能效比则为 1.28。

2）针对现有的启发式的虚拟机融合框架的设计存在的问题，本书提出一种重设计的动态虚拟机融合框架。在重设计的框架中，本书利用虚拟机 CPU 使用率任务模型中的任务特性，提出一种 SLA 冲突决定算法，利用该算法来判定虚拟机所在的计算节点是否产生 SLA 冲突。然后利用本书提出的最小能耗和最大使用率策略来对产生 SLA 冲突的计算节点进行虚拟机迁移。实验结果显示，相比于现有的虚拟机融合框架，本书的虚拟机融合框架可以减少 21.2% ～ 34.7% 的能耗、84.4% ～ 92% 的 SLA 协议冲突和 87.8% ～ 94.7% 的能效比。最后利用虚拟机 CPU 使用率的任务模型产生了 400、1000 以及 1500 个计算节点上不同数量的虚拟机的任务日志，然后利用这些任务日志对重设计框架进行了进一步的性能评估。评估结果显示，重设计框架在能耗、SLA 协议冲突以及能效比上远远优于现有的虚拟机融合框架。

（3）针对刚性任务的抢占特性（任务间不可共享资源），本书提出使用排队论来描述任务与资源之间的关系模型。通过调研任务运行时间预测的相关研究，本书发现目前的研究重点在于依据用户行为寻找任务日志中相似的任务来预测提交的任务。然后详细分析了该研究重点存在的两个难点：技术难点和使用难点。接着描述了目前针对这两个难点的技术方案和使用方案（Tsafrir），并提出了本书的调度优化策略（Trust），即基于用户信任度的任务运行时间预测的回填调度策略。最后利用实际环境下的任务日志、生物基因测序日志及其任务模型对 Tsafrir 和 Trust 进行了性能评估。利用实际环境下的任务日志的实验结果显示，相对于 Tsafrir，本书提出的 Trust 在预测准确度上平均提高了 18.5%，平均等待时间下降了约 43 分钟，同时标准响应时间平均降低了 8.3。利用生物基因测序日志及其任务模型的实验结果显示 Trust 在任务的平均等待时间和标准响应时间的优化力度上远优于 Tsafrir。

研究展望

本书通过任务建模的任务特性对相关调度策略进行了调度优化，并利用任务模型对优化策略进行了性能评估，仿真环境的实验结果显示优化策略在性能上获得了明显的提升。本书还利用任务模型对优化策略进行了性能评估，得到了与真实任务日志在趋势上相一致的实验结果，说明了任务模型在性能评估中的可行性。下一步可以考虑将任务建模的方式移植到更为真实的环境下，对在线任务日志进行分析和建模，同时通过实际环境来验证优化策略的可靠性和健壮性。

（1）针对任务日志的任务建模。虚拟机 CPU 使用率是非常重要的一个属性，但不是唯一的属性，例如虚拟机内存引用量、磁盘存储量等属性也是云计算环境下非常重要的任务属性。因此，在未来的工作中，采集云计算下关于虚拟机的更多的任务属性进行任务建模将会变得很重要。另外，可以通过模式匹配的方法来研究任务日志特性的自动分析和建模。而针对生物基因测序日志，将来会挖掘更多的任务属性，例如失败任务的特性、异常任务数据的特性分析等，进一步完善任务建模的通用性框架。

（2）针对任务调度的研究。本书中的优化调度策略已在仿真环境下实现，下一步需要将优化调度策略在实际环境下进行部署，以验证优化策略的可靠性。针对任务运行时间预测的调度优化，下一步可以将其部署在 BGI 的实际计算环境下。由于 BGI 使用的是 SGE 调度系统，SGE 上面已经实现了回填调度以及各种针对回填调度的优化算法，因此只需要将本书的基于信任度的调度优化策略移植到 SGE 环境下即可。针对能耗的虚拟机迁移的调度优化，下一步可以将其部署在 Eucalyptus 或 OpenStack 虚拟机管理平台上。相对于 Eucalyptus，OpenStack 是完全开放的，且其本身采用移植性较高的 Python 进行编程，因此，技术上是可实现的。

参考文献

[1] Microsoft Chicago Datacenter [EB/OL]. http://www.c-cube.cn/news_76.html.

[2] FaceBook Datacenter [EB/OL]. http://tech.qq.com/a/20130424/000092.htm.

[3] CCNL [EB/OL]. http://ccnl.scut.edu.cn/.

[4] BGI [EB/OL]. http://www.genomics.cn/index.

[5] SGE Manual Pages. Sun Grid Engine accounting file format [EB/OL]. http://arc.liv.ac.uk/SGE/htmlman/manuals.html.

[6] Power Usage Effectiveness [EB/OL]. http://www.thegreengrid.org/.

[7] Power Report [EB/OL]. http://searchstorage.techtarget.com.au/articles/28102-Predictions-2-9-Symantec-s-Craig-Scroggie.

[8] ASHRAE Technical Committee 99 [S]. Datacom equipment power trends and cooling applications 2005.

[9] Parallel workloads archive [EB/OL]. http://www.cs.huji.ac.il/labs/parallel/workload/.

[10] CLOUDs lab [EB/OL]. http://www.cloudbus.org/.

[11] VMware [EB/OL]. http://www.vmware.com/.

[12] KVM [EB/OL]. http://doc.ubuntu.com/ubuntu/serverguide/C/virtualization.html.

[13] Matlab gprnd [EB/OL]. http://www.mathworks.cn/cn/help/stats/gprnd.html?searchHighlight = gprnd.

[14] First Quarter 2012 SPEC SPECpower_ssj2008 Results [EB/OL]. http://www.spec.org/power_ssj2008/results/res2012q1/.

[15] SPECpower_ssj2008 Results res2011q1 [EB/OL]. http://www.spec.

org/power_ ssj2008/results/res2011q1/.

[16] Amazon EC2 Instance Types [EB/OL]. http://aws. amazon. com/ec2/ instance-types/.

[17] 中国互联网信息中心. 第 29 次中国互联网络发展状况统计报告 [R]. 北京：中国互联网信息中心，2012.

[18] Muller M E. A note on a method for generating points uniformly on n-dimensional spheres [J]. Communications of the ACM, 1959, 2 (4)： 19 −20.

[19] Ferrari D. Workload charaterization and selection in computer performance measurement [J]. Computer, 1972, 5 (4)： 18 −24.

[20] Agrawala A K, Mohr J M, Bryant R M. An approach to the workload characterization problem [J]. Computer, 1976, 9 (6)： 18 −32.

[21] Calzarossa M, Serazzi G. Workload characterization： A survey [J]. Proceedings of the IEEE, 1993, 81 (8)： 1136 −1150.

[22] Calzarossa M, Serazzi G. A characterization of the variation in time of workload arrival patterns [J]. Computers, IEEE Transactions on, 1985, 100 (2)： 156 −162.

[23] Stephens M A. EDF statistics for goodness of fit and some comparisons [J]. Journal of the American statistical Association, 1974, 69 (347)： 730 −737.

[24] Jain R. The art of computer systems performance analysis [M]. Chichester： John Wiley & Sons, 1991.

[25] Kelton W D, Law A M. Simulation modeling and analysis [M]. Boston, MA： McGraw Hill, 2000.

[26] Foster I, Kesselman C. The Grid 2： Blueprint for a new computing infrastructure [M]. Access Online via Elsevier, 2003.

[27] Feitelson D G. Workload Modeling for Computer Systems Performance Evaluation [M]. The Hebrew University of Jerusalem, 2011.

[28] Feitelson D G, Nitzberg B. Job characteristics of a production parallel scientific workload on the NASA Ames iPSC/860. Feitelson D G and Rudolph L. Job Scheduling Strategies for Parallel Processing [C]. Berlin： Springer-Verlag, 1995： 337 −360.

[29] Feitelson D G. Packing schemes for gang scheduling. Feitelson D G and Rudolph L. Job Scheduling Strategies for Parallel Processing [C]. Berlin Heidelberg: Springer-Verlag, 1996: 89 – 110.

[30] Downey A B. A parallel workload model and its implications for processor allocation [J]. Cluster Computing, 1998, 1 (1): 133 – 145.

[31] Downey A B. A parallel workload model and its implications for processor allocation. High Performance Distributed Computing Proceedings. The Sixth IEEE International Symposium on [C]. New York: IEEE, 1997: 112 – 123.

[32] Downey A B. A model for speedup of parallel programs [M]. University of California, Berkeley, Computer Science Division, 1997.

[33] Jann J, Pattnaik P, Franke H, et al. Modeling of workload in MPPs. Job Scheduling Strategies for Parallel Processing [C]. Berlin Heidelberg: Springer-Verlag, 1997: 95 – 116.

[34] Cox D R. A use of complex probabilities in the theory of stochastic processes. Proc. Camb. Phil. Soc [C]. 1955, 51: 313 – 319.

[35] Lifka D A. The anl/ibm sp scheduling system. Feitelson D G and Rudolph L. Job Scheduling Strategies for Parallel Processing [C]. Berlin Heidelberg: Springer-Verlag, 1995: 295 – 303.

[36] Chapin S J, Cirne W, Feitelson D G, et al. Benchmarks and standards for the evaluation of parallel job schedulers. Feitelson D G and Rudolph L. Job Scheduling Strategies for Parallel Processing [C]. Berlin Heidelberg: Springer-Verlag, 1999: 67 – 90.

[37] Lublin U, Feitelson D G. The workload on parallel supercomputers: modeling the characteristics of rigid jobs [J]. Journal of Parallel and Distributed Computing, 2003, 63 (11): 1105 – 1122.

[38] Cirne W, Berman F. Adaptive selection of partition size for supercomputer requests. Feitelson D G and Rudolph L. Job Scheduling Strategies for Parallel Processing [C]. Berlin Heidelberg: Springer-Verlag, 2000: 187 – 207.

[39] Cirne W, Berman F. A comprehensive model of the supercomputer workload. 2001 IEEE International Workshop on Workload Characteriza-

tion ［C］. New York：IEEE，2001：140 –148.

［40］ Cirne W，Berman F. A model for moldable supercomputer jobs. Parallel and Distributed Processing Symposium.，Proceedings 15th International ［C］. New York：IEEE，2001：8 –8.

［41］ Chiang S H，Arpaci-Dusseau A，Vernon M K. The impact of more accurate requested runtimes on production job scheduling performance. Feitelson D G and Rudolph L. Job Scheduling Strategies for Parallel Processing ［C］. Berlin Heidelberg：Springer-Verlag，2002：103 –127.

［42］ Feitelson D G，Rudolph L. Toward convergence in job schedulers for parallel supercomputers. Feitelson D G and Rudolph L. Job Scheduling Strategies for Parallel Processing ［C］. Berlin Heidelberg：Springer-Verlag，1996：1 –26.

［43］ Feitelson D G，Weil A M. Utilization and predictability in scheduling the IBM SP2 with backfilling. Proceedings of the First Merged International and Symposium on Parallel and Distributed Processing ［C］. New York：IEEE，1998：542 –546.

［44］ Feitelson D G，Rudolph L. Metrics and Benchmarking for Parallel Job Scheduling. Feitelson D G and Rudolph L. Job Scheduling Strategies for Parallel Processing ［C］. Berlin Heidelberg：Springer-Verlag，1998：1 –24.

［45］ Srividya S，Rajkumar K，et. al. Selective Reservation Strategies for Backfill Job Scheduling. Feitelson D G and Rudolph L. Job Scheduling Strategies for Parallel Processing ［C］. Berlin Heidelberg：Springer-Verlag，2002：55 –71.

［46］ Barry GL，Evgenia S. Multiple-Queue Backfilling Scheduling with Priorities and Reservations for Parallel Systems，Job Scheduling Strategies for Parallel Processing ［C］. Berlin Heidelberg：Springer-Verlag，2002：72 –87.

［47］ Li H，Groep D，Wolters L. Workload characteristics of a multi-cluster supercomputer. Feitelson D G and Rudolph L. Job Scheduling Strategies for Parallel Processing ［C］. Berlin Heidelberg：Springer-Verlag，2005：176 –193.

[48] Tsafrir D, Etsion Y, Feitelson D G. Modeling user runtime estimates. Feitelson D G and Rudolph L. Job Scheduling Strategies for Parallel Processing [C]. Berlin Heidelberg: Springer-Verlag, 2005: 1 – 35.

[49] Tsafrir D, A Model/Utility to Generate User Runtime Estimates and Append Them to a Standard Workload File [EB/OL]. http://www. cs. huji. ac. il/labs/parallel/workload /m_ tsafrir05.

[50] Tsafrir D, Feitelson D G. The dynamics of backfilling: solving the mystery of why increased inaccuracy may help. IEEE International Symposium on Workload Characterization [C]. New York: IEEE, 2006: 131 – 141.

[51] Tsafrir D, Etsion Y, Feitelson D G. Backfilling using system-generated predictions rather than user runtime estimates [J]. Parallel and Distributed Systems, IEEE Transactions on, 2007, 18 (6): 789 – 803.

[52] Tang W, Desai N, Buettner D, et al. Analyzing and adjusting user runtime estimates to improve job scheduling on the Blue Gene/P. 2010 IEEE International Symposium on Parallel & Distributed Processing [C]. New York: IEEE, 2010: 1 – 11.

[53] Tsafrir D. Using inaccurate estimates accurately [C] //Job Scheduling Strategies for Parallel Processing. Berlin Heidelberg: Springer-Verlag, 2010: 208 – 221.

[54] Phinjaroenphan. P, Bevinakoppa. S, Zeephongsekul. P, A method for estimating the runtimeof a parallel task on a grid node. Eur. Grid Conf. LNCS [C]. Berlin Heidelberg: Springer-Verlag, 2005: 226 – 236.

[55] Nadeem F, Fahringer T. Using templates to predict execution time of scientific workflow applications in the grid. Proceedings of the 2009 9th IEEE/ACM International Symposium on Cluster Computing and the Grid [C]. New York: IEEE Computer Society, 2009: 316 – 323.

[56] Tao M, Dong S, Zhang L. A multi-strategy collaborative prediction model for the runtime of online tasks in computing cluster/grid [J]. Cluster Computing, 2011, 14 (2): 199 – 210.

[57] Smith W, Foster I, Taylor V. Predicting application run times using historical information. Job Scheduling Strategies for Parallel Processing

[C]. Berlin Heidelberg: Springer-Verlag, 1998: 122 – 142.

[58] Smith W. Prediction services for distributed computing. IEEE International Parallel and Distributed Processing Symposium [C]. New York: IEEE, 2007: 1 – 10.

[59] Buyya R, Murshed M. Gridsim: A toolkit for the modeling and simulation of distributed resource management and scheduling for grid computing [J]. Concurrency and Computation: Practice and Experience, 2002, 14 (13 – 15): 1175 – 1220.

[60] Calheiros R N, Ranjan R, Buyya R. Virtual machine provisioning based on analytical performance and qos in cloud computing environments. 2011 International Conference on Parallel Processing (ICPP) [C]. New York: IEEE, 2011: 295 – 304.

[61] Urdaneta G, Pierre G, Van Steen M. Wikipedia workload analysis for decentralized hosting [J]. Computer Networks, 2009, 53 (11): 1830 – 1845.

[62] Iosup A, Sonmez O, Anoep S, et al. The performance of bags-of-tasks in large-scale distributed systems. Proceedings of the 17th international symposium on High performance distributed computing [C]. Washington DC: ACM, 2008: 97 – 108.

[63] Calheiros R N, Ranjan R, Beloglazov A, et al. CloudSim: a toolkit for modeling and simulation of cloud computing environments and evaluation of resource provisioning algorithms [J]. Software: Practice and Experience, 2011, 41 (1): 23 – 50.

[64] Toosi A N, Calheiros R N, Thulasiram R K, et al. Resource provisioning policies to increase IaaS provider's profit in a federated cloud environment. 2011 IEEE 13th International Conference on High Performance Computing and Communications [C]. New York: IEEE, 2011: 279 – 287.

[65] Kim K H, Beloglazov A, Buyya R. Power-aware provisioning of virtual machines for real-time Cloud services [J]. Concurrency and Computation: Practice and Experience, 2011, 23 (13): 1491 – 1505.

[66] Garg S K, Yeo C S, Anandasivam A, et al. Environment-conscious

scheduling of HPC applications on distributed cloud-oriented data centers [J]. Journal of Parallel and Distributed Computing, 2011, 71 (6): 732 – 749.

[67] Garg S K, Yeo C S, Buyya R. Green cloud framework for improving carbon efficiency of clouds [M]. Euro-Par 2011 Parallel Processing. Berlin Heidelberg: Springer-Verlag, 2011: 491 – 502.

[68] Wu L, Kumar Garg S, Buyya R. SLA-based admission control for a Software-as-a-Service provider in Cloud computing environments [J]. Journal of Computer and System Sciences, 2012, 78 (5): 1280 – 1299.

[69] Nathuji R, Schwan K. VirtualPower: coordinated power management in virtualized enterprise systems [J]. ACM SIGOPS Operating Systems Review, 2007, 41 (6): 265 – 278.

[70] Stoess J, Lang C, Bellosa F. Energy Management for Hypervisor-Based Virtual Machines. USENIX annual technical conference [C]. CA: USENIX Association, 2007: 1 – 14.

[71] Kansal A, Zhao F, Liu J, et al. Virtual machine power metering and provisioning. Proceedings of the 1st ACM symposium on Cloud computing [C]. Washington DC: ACM, 2010: 39 – 50.

[72] Oh F Y K, Kim H S, Eom H, et al. Enabling consolidation and scaling down to provide power management for cloud computing. Proceedings of the 3rd USENIX conference on Hot topics in cloud computing [C]. CA: USENIX Association, 2011: 14 – 14.

[73] Verma A, Ahuja P, Neogi A. pMapper: power and migration cost aware application placement in virtualized systems [M]. Berlin Heidelberg: Springer-Verlag, 2008: 243 – 264.

[74] Srikantaiah S, Kansal A, Zhao F. Energy aware consolidation for cloud computing. Proceedings of the 2008 conference on Power aware computing and systems [C]. CA: USENIX Association, 2008, 10 – 10.

[75] Cardosa M, Korupolu M R, Singh A. Shares and utilities based power consolidation in virtualized server environments. IM'09. IFIP/IEEE International Symposium on Integrated Network Management [C]. New

York: IEEE, 2009: 327 – 334.

[76] Gong Z, Gu X. Pac: Pattern-driven application consolidation for efficient cloud computing. 2010 IEEE International Symposium on Modeling, Analysis & Simulation of Computer and Telecommunication Systems [C]. New York: IEEE, 2010: 24 – 33.

[77] Goudarzi H, Pedram M. Energy-efficient virtual machine replication and placement in a cloud computing system. 2012 IEEE 5th International Conference on Cloud Computing [C]. New York: IEEE, 2012: 750 – 757.

[78] Bila N, de Lara E, Joshi K, et al. Jettison: efficient idle desktop consolidation with partial VM Migration. Proceedings of the 7th ACM european conference on Computer Systems [C]. Washington DC: ACM, 2012: 211 –224.

[79] Xu J, Fortes J A B. Multi-objective virtual machine placement in virtualized data center environments. 2010 IEEE/ACM Int'l Conference on & Int'l Conference on Cyber, Physical and Social Computing Green Computing and Communications [C]. New York: IEEE, 2010: 179 –188.

[80] Duy T V T, Sato Y, Inoguchi Y. Performance evaluation of a green scheduling algorithm for energy savings in cloud computing. 2010 IEEE International Symposium on Parallel & Distributed Processing, Workshops and Phd Forum [C]. New York: IEEE, 2010: 1 – 8.

[81] Feller E, Rilling L, Morin C. Energy-aware ant colony based workload placement in clouds. Proceedings of the 2011 IEEE/ACM 12th International Conference on Grid Computing [C]. New York: IEEE Computer Society, 2011: 26 – 33.

[82] Mills K, Filliben J, Dabrowski C. Comparing vm-placement algorithms for on-demand clouds. 2011 IEEE Third International Conference on Cloud Computing Technology and Science [C]. New York: IEEE, 2011: 91 –98.

[83] Bobroff N, Kochut A, Beaty K. Dynamic placement of virtual machines for managing sla violations. 10th IFIP/IEEE International Symposium on Integrated Network Management [C]. New York: IEEE, 2007: 119 –128.

［84］ Beloglazov A, Abawajy J, Buyya R. Energy-aware resource allocation heuristics for efficient management of data centers for cloud computing ［J］. Future Generation Computer Systems, 2012, 28 (5): 755 – 768.

［85］ Lovász G, Niedermeier F, de Meer H. Performance tradeoffs of energy-aware virtual machine consolidation ［J］. Cluster Computing, 2012: 1 – 16.

［86］ Dupont C, Giuliani G, Hermenier F, et al. An energy aware framework for virtual machine placement in cloud federated data centres. 2012 Third International Conference on Future Energy Systems: Where Energy, Computing and Communication Meet ［C］. New York: IEEE, 2012: 1 – 10.

［87］ Beloglazov A, Abawajy J, Buyya R. Energy-aware resource allocation heuristics for efficient management of data centers for cloud computing ［J］. Future Generation Computer Systems, 2012, 28 (5): 755 – 768.

［88］ Beloglazov A, Buyya R. Optimal online deterministic algorithms and adaptive heuristics for energy and performance efficient dynamic consolidation of virtual machines in Cloud data centers ［J］. Concurrency and Computation: Practice and Experience, 2012, 24 (13): 1397 – 1420.

［89］ Sotomayor B, Keahey K, Foster I. Combining batch execution and leasing using virtual machines. Proceedings of the 17th international symposium on High performance distributed computing ［C］. Washington DC: ACM, 2008: 87 – 96.

［90］ Javadi B, Abawajy J, Buyya R. Failure-aware resource provisioning for hybrid Cloud infrastructure ［J］. Journal of Parallel and Distributed Computing. 2012, 72 (10): 1318 – 1331

［91］ Clark C, Fraser K, Hand S, et al. Live migration of virtual machines. Proceedings of the 2nd conference on Symposium on Networked Systems Design & Implementation-Volume 2 ［C］. CA: USENIX Association, 2005: 273 – 286.

[92] Barham P, Dragovic B, Fraser K, et al. Xen and the art of virtualization [J]. ACM SIGOPS Operating Systems Review, 2003, 37 (5): 164 – 177.

[93] Hines M R, Gopalan K. Post-copy based live virtual machine migration using adaptive pre-paging and dynamic self-ballooning. Proceedings of the 2009 ACM SIGPLAN/SIGOPS international conference on Virtual execution environments [C]. Washington DC: ACM, 2009: 51 – 60.

[94] Jin H, Deng L, Wu S, et al. Live virtual machine migration with adaptive, memory compression. CLUSTER'09. IEEE International Conference on Cluster Computing and Workshops [C]. New York: IEEE, 2009: 1 – 10.

[95] Uhlig R, Neiger G, Rodgers D, et al. Intel virtualization technology [J]. Computer, 2005, 38 (5): 48 – 56.

[96] Park K S, Pai V S. CoMon: a mostly-scalable monitoring system for PlanetLab [J]. ACM SIGOPS Operating Systems Review, 2006, 40 (1): 65 – 74.

[97] J. Kaplan, W. Forrest, N. Kindler. Revolutionizing Data Center Energy Efficiency [R]. McKinsey, 2009.

[98] Cleveland W S, Loader C. Smoothing by local regression: Principles and methods [M]. Statistical theory and computational aspects of smoothing. Physica-Verlag HD, 1996: 10 – 49.

[99] Casanova H, Legrand A, Quinson M. SimGrid: a generic framework for large-scale distributed experiments. Computer Modeling and Simulation, 2008. UKSIM 2008. Tenth International Conference on [C]. New York: IEEE, 2008: 126 – 131.

[100] Dumitrescu C L, Foster I. GangSim: a simulator for grid scheduling studies. IEEE International Symposium on Cluster Computing and the Grid [C]. New York: IEEE, 2005, 2: 1151 – 1158.

[101] Buyya R, Beloglazov A, Abawajy J. Energy-efficient management of data center resources for cloud computing: A vision, architectural elements, and open challenges [J]. arXiv preprint arXiv: 1006.0308, 2010 (6).

［102］ Li H. Long range dependent job arrival process and its implications in
grid environments. Proceedings of the first international conference on
Networks for grid applications ［C］. ICST（Institute for Computer Sci-
ences, Social-Informatics and Telecommunications Engineering）,
2007: 26.

［103］ Li H, Buyya R. Model-based simulation and performance evaluation of
grid scheduling strategies ［J］. Future Generation Computer Systems,
2009, 25（4）: 460 – 465.

［104］ Li H. Realistic workload modeling and its performance impacts in large-
scale escience grids ［J］. IEEE Transactions on Parallel and Distribu-
ted Systems, 2010, 21（4）: 480 – 493.

［105］ Feitelson D G, Shmueli E. A case for conservative workload modeling:
Parallel job scheduling with daily cycles of activity. IEEE International
Symposium on Modeling, Analysis & Simulation of Computer and Tele-
communication Systems ［C］. New York: IEEE, 2009: 1 – 8.

［106］ Minh T N, Wolters L. Modeling job arrival process with long range de-
pendence and burstiness characteristics. 9th IEEE/ACM International
Symposium on Cluster Computing and the Grid ［C］. New York:
IEEE, 2009: 323 – 330.

［107］ Javadi B, Kondo D, Iosup A, et al. The Failure Trace Archive: En-
abling the comparison of failure measurements and models of distributed
systems ［J］. Journal of Parallel and Distributed Computing, 2013
（10）.

［108］ Mishra A K, Hellerstein J L, Cirne W, et al. Towards characterizing
cloud backend workloads: insights from google compute clusters ［J］.
ACM SIGMETRICS Performance Evaluation Review, 2010, 37（4）:
34 – 41.

［109］ Zakay N, Feitelson D G. On identifying user session boundaries in par-
allel workload logs. Job Scheduling Strategies for Parallel Processing
［C］. Berlin Heidelberg: Springer, 2013: 216 – 234.

［110］ Zakay N, Feitelson D G. Workload resampling for performance evalua-
tion of parallel job schedulers. Proceedings of the ACM/SPEC Interna-

tional conference on performance engineering ［C］. Washington DC：ACM, 2013：149 - 160.

［111］ Shanthini J, Shankarkumar K. R. Anatomay study of execution time predictions in Heterogeneous systems. International Journal of Computer Applications ［J］. 2012, 45 （7）：39 - 43.

［112］ Danesh E, Rahmani A M. A New Technique to Calculate the Exact Process Execution Time with the Help of the Compiler, Journal of Applied Sciences ［J］. 2007, 7 （21）.

［113］ Smith W, Foster I, Taylor V. Predicting application run times using historical information. Job Scheduling Strategies for Parallel Processing ［C］. Springer Berlin Heidelberg, 1998：122 - 142.

［114］ Iverson M A, Ozguner F, Potter L C. Statistical prediction of task execution times through analytic benchmarking for scheduling in a heterogeneous environment. Heterogeneous Computing Workshop. Eighth ［C］. New York：IEEE, 1999：99 - 111.

［115］ Drozdowski M. Estimating execution time of distributed applications. Parallel Processing and Applied Mathematics ［M］. Springer Berlin Heidelberg, 2002：137 - 144.

［116］ Glasner C, Volkert J. An architecture for an adaptive run-time prediction system. ISPDC2008 ［C］. New York：IEEE, 2008：275 - 282.

［117］ Ramírez-Alcaraz J M, Tchernykh A, et al. Job allocation strategies with user run time estimates for online scheduling in hierarchical grids, Journal of Grid Computing ［J］. 2011, 9 （1）：95 - 116.

［118］ Netto M A S, Vecchiola C, et al. Use of run time predictions for automatic co-allocation of multi-cluster resources for iterative parallel applications, Journal of Parallel and Distributed Computing ［J］. 2011, 71 （10）：1388 - 1399.

［119］ Garofalakis M N, Ioannidis Y E. Parallel query scheduling and optimization with time-and space-shared resources, SORT ［J］. 1997, 1 （T2）：T3.

［120］ Sotiriadis S, Bessis N, Antonopoulos N. Towards inter-cloud schedulers：A survey of meta-scheduling approaches. International Conference on P2P, Parallel, Grid, Cloud and Internet Computing [C]. New York: IEEE, 2011: 59 –66.

[121] Xhafa F, Abraham A. Computational models and heuristic methods for Grid scheduling problems. Future generation computer systems [J]. 2010, 26 (4): 608 –621.

[122] Huang Y, Bessis N, Norrington P, et al. Exploring decentralized dynamic scheduling for grids and clouds using the community-aware scheduling algorithm. Future Generation Computer Systems [J]. 2013, 29 (1): 402 –415.

[123] Moschakis I A, Karatza H D. Evaluation of gang scheduling performance and cost in a cloud computing system. The Journal of Supercomputing [J]. 2012, 59 (2): 975 –992.

[124] Beloglazov A, Buyya R, Lee Y C, et al. A taxonomy and survey of energy-efficient data centers and cloud computing systems. Advances in Computers [J]. 2011, 82 (2): 47 –111.

[125] Tsafrir D, Feitelson D G. Instability in parallel job scheduling simulation: the role of workload flurries. IEEE 20th International Parallel and Distributed Processing Symposium [C]. New York: IEEE, 2006: 10 pp.

[126] Kwok Y K, Ahmad I. Static scheduling algorithms for allocating directed task graphs to multiprocessors. ACM Computing Surveys (CSUR) [J]. 1999, 31 (4): 406 –471.

[127] Ouelhadj D, Petrovic S. A survey of dynamic scheduling in manufacturing systems. Journal of Scheduling [J]. 2009, 12 (4): 417 –431.

[128] Buyya R, Yeo C S, Venugopal S, et al. Cloud computing and emerging IT platforms: Vision, hype, and reality for delivering computing as the 5th utility. Future Generation computer systems [J]. 2009, 25 (6): 599 –616.

[129] Barroso L A, Hölzle U. The case for energy-proportional computing. IEEE computer [J]. 2007, 40 (12): 33 –37.

[130] Fan X, Weber W D, Barroso L A. Power provisioning for a ware-

house-sized computer. ACM SIGARCH Computer Architecture News [C]. Washington: ACM, 2007, 35 (2): 13 – 23.

[131] Leland W E, Taqqu M S, Willinger W, et al. On the self-similar nature of Ethernet traffic (extended version). IEEE/ACM Transactions on Networking [J]. 1994, 2 (1): 1 – 15.

[132] Foster I, Zhao Y, Raicu I, et al. Cloud computing and grid computing 360-degree compared. IEEE Grid Computing Environments Workshop [C]. New York: IEEE, 2008: 1 – 10.